萌犬家庭医生

狗狗常见疾病速查手册

FAMILY DOCTOR OF THE DOGS

刘云◎编著

黑龙江科学技术出版社
HEILONGJIANG SCIENCE AND TECHNOLOGY PRESS

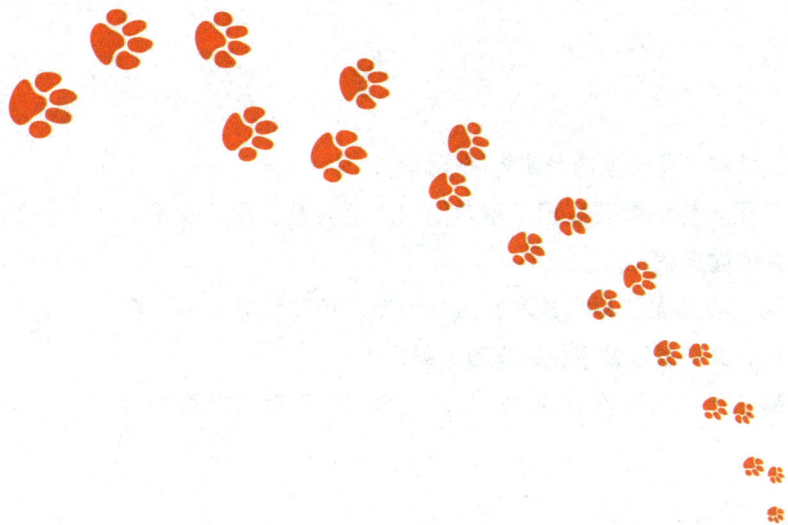

当狗狗生病以后，最纠结、最煎熬的不是狗狗，而是主人。这一点我想照顾过生病的狗狗的主人应该都深有体会。

因为狗狗不能说话，当主人发现狗狗身体出现异常时，就说明疾病已经开始显现症状了。

而此时，很多疾病已经过了初期，所以主人会更加焦急！

生病的狗狗，加上焦急的主人，这种场面我相信很多狗狗的主人都遇到过。在这种情况下，最需要的就是一位专业且负责的宠物医生。但如果你对狗狗的一些常见疾病有所了解，那么在发现狗狗出现异常状况时，就不至于惊慌失措了。到了宠物医院，你也会更清晰地向宠物医生描述狗狗的病情，帮助医生快速做出诊断。

狗狗的寿命很长，一般伴侣犬平均寿命在 13 ~ 15 岁，有些小型品种犬寿命可达 20 年。

狗狗和人类一样，一生中要经历幼年、少年、青壮年及老年。在生长的不同阶段，会遇到不同问题，它们也会受到各种疾病的困扰。狗狗幼龄时，如不能按常规给狗狗打疫苗，它们就有可能患上某些严重的传染病，比如犬瘟热、犬细小病毒感染等。随着年龄的增长，狗狗也会患上一些老年病，比如心脏病、糖尿病、高脂血症、肿瘤、免疫及内分泌系统疾病等。

养狗狗和养孩子一样，需要我们了解它们的生活习性、喜怒哀乐，密切关注它们的身体健康状况。

基于以上原因，应黑龙江科学技术出版社之邀，特此编著本书。希望本书为您的狗狗健康成长及快乐生活保驾护航！

需要特别提醒的是，当狗狗有异常的情况出现时，及时去医院就医是最佳选择。

刘云

2019 年 8 月于哈尔滨

前言 🦊

对于狗狗家长来说，狗狗生病是最令人揪心的一件事。因为狗狗不会说话，它不可能主动告诉我们它生病了，它哪里不舒服。所以，这就要求我们在平时的生活中多留意狗狗行为上的变化，以此来确定它们是否患病了，患了什么病，以免我们手足无措。

比如，你有没有发现，最近你的狗好像有那么一点儿不对劲，可具体哪不对劲，又看不出来：

磨屁股

🦊 --

当狗狗在地面上做出摩擦屁股的动作时，有可能是狗狗的肛门腺阻塞发炎，或者是寄生虫感染。

瘙痒

🦊 --

当狗狗用脚搔抓或用嘴巴啃咬身体时，可能是有跳蚤，严重的话可能是真菌感染、过敏。

身体摇摇晃晃

狗狗走路时如果出现摇摇晃晃的现象，可能是神经方面出现了问题，应尽快送到宠物医院就诊。

跛行

当狗狗出现跛行时，先确认是不是脚垫受伤，也可能是骨骼关节发育不良，或是神经出现问题。

舔舐阴部

无论是公狗还是母狗，它们平时都会有舔舐阴部的行为，这种行为可能是有一些湿疹。但如果狗狗阴部的颜色发生异常，并伴随着大量分泌物或脓汁水，这表示阴部有发炎现象，必须尽快就医。

抽搐

当狗狗出现抽搐现象时，它们随时可能失去意识，主人如果随便靠近，可能会发生危险。狗狗抽搐的原因包括癫痫发作、中暑、外伤或精神性休克，无论哪种原因，请向宠物医生咨询相关的处理方法。

便秘、下痢

当狗狗出现便秘或者下痢时，如果精神状态和食欲正常，那么只需要改善饮食就能解决。如果有精神或者食欲变差，便血，粪便颜色异常等症状，就有可能是肠炎、过敏或者其他脏器问题。

呕吐

狗狗出现呕吐，除了可能是吃太多、晕车、吞食异物等原因之外，还有可能是内脏方面出现疾病所致。如果是一时性的，只要狗狗有食欲，通常都不会有问题，但如果是持续性的呕吐，那一定要将狗狗带到宠物医院就诊。

出现大量皮屑

狗狗身上突然出现大量皮屑，有可能是因为皮肤病、压力过大所致，或者是沐浴露敏感等原因。如果伴随着皮肤发炎，一定及时要带到宠物医院就诊，不要耽误最佳治疗时间。

体重急剧变化

狗狗突然变瘦变胖时，有可能是肝脏方面的疾病，或者糖尿病、肿瘤、寄生虫感染，这些都可能会引起体重的急剧变化。

所以说，狗狗疾病的发生往往都会伴随着一些征兆，只要时常关注狗狗的一些肢体状态，就会及早发现病症。

本书内容是从多年的临床病例及众多宠友朋友们所提供的信息中总结整理出来的。书中所列病例是宠物狗狗的常见病例，书中介绍了各个病例的症状、病因、治疗方法、专家指导意见及治疗费用。在您家的狗狗出现症状时，可以根据症状在书中找到相应的病症，从而做出相应判断，对症就医，免去您病急乱投医的困扰，最重要的是可以为您节省就医时间，能够帮助您的狗狗及时得到对症治疗。

以上就是创作本书的初衷。希望这本书能够成为您与狗狗共同生活中的一本家庭必备之书，能够帮助您及早发现狗狗的病症，最终做到早治疗、早痊愈。

目录

皮肤疾病

脓皮病 /2
皮肤真菌病 /4
接触性皮炎 /6
日光性皮炎 /8
寄生虫性皮炎 /10
蠕形螨病 /12
脂溢性皮炎 /14
食物不良反应 /16
异位性皮炎 /19
跳蚤叮咬性过敏 /21

眼部疾病

眼球脱出 /24
眼睑内翻 / 外翻 /26
干眼症 /29
泪溢症 /32
青光眼 /35
白内障 /37
视网膜脱落 /39
犬结膜炎 /41
犬角膜溃疡 /43
葡萄膜炎 /45

耳部疾病

外耳炎 /48
中耳炎 /50
内耳炎 /52
耳血肿 /54
耳　炎 /56
前庭疾病 /58

口腔疾病

牙龈炎 /61
牙　石 /63
蛀　牙 /65
牙龈萎缩 /67
牙槽脓肿 /69
牙龈瘘管 /71
双排牙 /73
老年期掉牙 /75
口腔溃疡 /77

呼吸系统疾病

气管塌陷 /80
肺　炎 /82
慢性气管炎 /84
短头犬气道综合征 /86
鼻　炎 /88
犬鼻窦炎 /90

传染性疾病

犬传染性气管支气管炎 /92

犬瘟热 /94

犬细小病毒病 /97

犬冠状病毒感染 /100

犬副流感 /102

犬传染性肝炎 /105

犬钩端螺旋体病 /107

狂犬病 /109

吃喝排泄疾病

消化道异物 /112

巨食管症 /114

肝衰竭 /116

慢性肝炎 /118

泌尿道感染 /120

犬尿石症 /122

输尿管异位症 /124

犬胰腺炎 /126

肾衰竭 /128

犬球虫病 /131

贾第虫病 /133

阿米巴虫病 /135

犬绦虫病 /137

犬钩虫病 /139

肛囊炎 /141

肛周瘘 /142

肠套叠 /144

排尿疼痛 /146

排尿异常 /147

尿液颜色异常 /148

红色尿 /149

褐色尿 /150

犬鞭虫病 /151

犬蛔虫病 /152

心血管疾病

二尖瓣关闭不全 /154
动脉导管未闭 /156
心律不齐 /158
心包积液 /160
心力衰竭 /162
犬心丝虫病 /164
犬扩张型心肌病 /166
肥厚型心肌病 /168

运动系统疾病

犬全骨炎 /171
髌骨脱位 /173
骨　折 /175
髋关节发育不良 /177
肘关节发育不良 /179
遗传性关节病 /181
软骨病 /183
骨　瘤 /185
缺血性股骨头坏死 /187
关节和骨感染 /189
退行性关节病 /190
多发性关节炎 /191

神经系统疾病

抽搐（脑膜炎、脑炎、脊髓炎）/193
椎间盘疾病 /195

营养代谢
性疾病

维生素 A 缺乏症 /198
B 族维生素缺乏症 /199
佝偻病 /200

母犬
疾病

子宫积脓 /203
假　孕 /205
乳腺肿瘤 /206
乳腺炎 /208
产后低血钙 /210
阴道脱垂 /212

公犬
疾病

隐　睾 /215
会阴疝 /217
睾丸肿瘤 /219
前列腺良性增生 /221
前列腺炎 /223
肛门腺癌 /225

老年犬
疾病

慢性心力衰竭 /228
牙周疾病 /230
肾上腺皮质功能亢进 /232
甲状腺功能减退 /234
糖尿病 /236
关节炎 /238

意外和急救

犬误食 /241
中　暑 /243
损　伤 /245
中　毒 /247
胃扭转扩张 /249
蜱虫叮咬 /251
呼吸困难 /253
休　克 /255

心理疾病

占有性攻击行为 /257
嫉妒性攻击行为 /259
恐惧性攻击行为 /261
分离焦虑 /262
忧虑性排泄异常 /264
怀旧依恋心理 /266
复仇心理 /267
邀功心理 /268

不容忽视的小问题

臭狗狗 /270
大量脱毛 /273
疫　苗 /274
驱　虫 /277

皮肤疾病

广义上的皮肤病分为**外源性疾病和内源性疾病**两大类。

外源性疾病的致病因素包括气候变化、体外寄生虫、病原体传染、物理原因、化学原因等。内源性疾病往往是宠物自然衰老的过程中，原本就存在于体内的致病因素在机体抵抗力下降的时候开始频繁活动，造成了皮肤方面的问题。

脓皮病

犬脓皮病，又称为细菌性皮肤病，或称犬细菌性毛囊炎，是由细菌引起的犬皮肤及其相关结构的感染。

● 箭头所指为脓皮病感染病灶

症状

病灶多为圆形，脱毛、皮屑、红斑、结痂、脓包、皮肤折叠处（如唇、颈部皱褶等）红肿流脓糜烂。严重的深层脓皮症为红色的大疱等，还伴随全身症状，如精神不佳、食欲减退。

病因

皮肤不洁、毛囊口被污物堵塞、局部皮肤过度摩擦以及皮脂腺功能障碍等因素都可以引起脓皮病的发生，葡萄球菌是主要的致病菌。除了细菌感染外，体外寄生虫感染、过敏、代谢性和内分泌性疾病也可导致脓皮病的发生。

处理方法

及时控制患犬，防止其舔咬患处或在墙面、桌角摩擦患处。应尽快到宠物医院就诊，确定病因，及时给予有效的治疗。

治疗

根据引发疾病的首要因素，消除病因，比如消除食物过敏、清除异物、杀灭寄生虫等，而后视症状的轻重，对症治疗。对于表面或浅表性感染，一般可局部用药以杀菌、消炎、干燥、止痒、吸收分泌物及预防传染；对于深部感染，可考虑全身使用抗生素。一般为巩固治疗效果，在症状消失后还应继续用药一周，以防复发。

专家指导

脓皮病的治本方法是要提高狗狗的免疫力或机体抵抗力，要通过接种疫苗和给予合理的饮食。要对皮肤性问题及早诊治，针对发病原因，通过用药控制病情进一步恶化。此外，要定期驱虫，防止体外寄生虫寄生，积极防治皮肤瘙痒症，避免狗狗抓挠感染导致脓皮病的发生。因此，要定期给爱犬洗澡，保持体外清洁、干燥，避免爱犬被昆虫叮咬导致皮肤过敏，而引发皮肤问题。

费用

根据狗狗发病的严重程度及预后情况，治疗费用在1000~2000元之间。

皮肤真菌病

因真菌感染导致的皮肤疾病。

●箭头所指为真菌感染病灶

症状

病灶一般为圆形，患处脱毛、脱皮、红肿、结灰色痂皮。慢性病变通常为红色的肿包、脓肿，肿包表面可能有痂皮。

病因

常由犬小孢子菌、石膏样小孢子菌感染引起。

处理方法

请前往动物医院诊断治疗，诊断内容较多，包括：皮肤刮片排除螨虫、伍德氏灯检查、透明胶带取样检查、皮肤样本真菌培养等。同时剃毛，对饲养环境进行消毒，减少患犬与老人小孩的接触。

治疗

注射抗真菌药物、局部使用外用药、药浴等。

专家指导

需要主人积极配合，减少不必要的治疗。治疗周期很长，至少1个月。

费用

治疗费用不高，但周期较长。

接触性皮炎

接触性皮炎是皮肤或黏膜单次或多次接触外源性物质后，在接触部位及接触部位以外的皮肤发生的炎症性反应。

● 箭头所指为接触性皮炎病灶

症状

轻症时局部皮肤出现红斑，淡红色至鲜红色，稍有水肿，或有针尖大丘疹密集；重症时红斑肿胀明显，在此基础上有多数丘疹、水疱。当皮炎发生于组织疏松部位，如眼睑、口唇、包皮、阴囊等处则肿胀明显，呈局限性水肿而无明确的边缘，皮肤发亮，表面纹理消失。

病因

1.原发刺激性接触性皮炎：接触物对皮肤有很强的刺激性，任何皮肤接触后均可发生皮炎，称为原发性刺激。原发性刺激分为两种：一种刺激性很强，接触后短时间内发病；另一种较弱，接触较长时间后发病，如肥皂、有机溶剂等。

2.过敏性接触性皮炎：接触物基本上是无刺激的，少数接触该物质致敏后，再次接触该物质，经12~48小时在接触部位及其附近发生皮炎。

治疗

接触性皮炎的病因与接触物有密切关系，首要治疗措施是找出过敏原因，避免再次接触该种物质，并对症治疗已出现的症状。

专家指导

本病春末夏初多见，反应强度与光线的强弱、辐射时间、范围、肤色的深浅、体质、种属及个体差异有关，需要对强光多加防护。

费用

费用较低。

日光性皮炎是因日光或其他光线照射形成，是正常皮肤接受过度 UVB 辐射后产生的一种急性炎症反应。

日光性皮炎 ✳

症状

表现为在犬的鼻、眼睑和口唇等部位发生红斑、脱毛、液体渗出、溃疡和形成痂皮。冬天白雪的反射作用，也可引发这种疾病。

病因

当皮肤接受紫外线照射后，除了对血管有直接而短暂的扩张作用，表皮细胞还可以生成并释放出各种介质，包括前列腺素、脂氧化酶产物和多种细胞因子到真皮中，引起红斑反应。

治疗

1.系统治疗。可以口服抗组胺药物，严重的口服糖皮质类固醇激素、阿司匹林或吲哚美辛等。伴有严重的全身症状的，需要住院治疗。

2.局部治疗。选择冷敷，炉甘石洗剂或糖皮质激素类药物等。

专家指导

本病春末夏初多见，反应强度与光线的强弱、辐射时间、范围、肤色的深浅、体质、种属及个体差异有关，需要对强光多加防护。

○ 费用 ○

费用一般较低。

寄生虫性皮炎

寄生虫性皮炎为宠物的多发病，是由寄生虫引起的皮肤过敏反应。

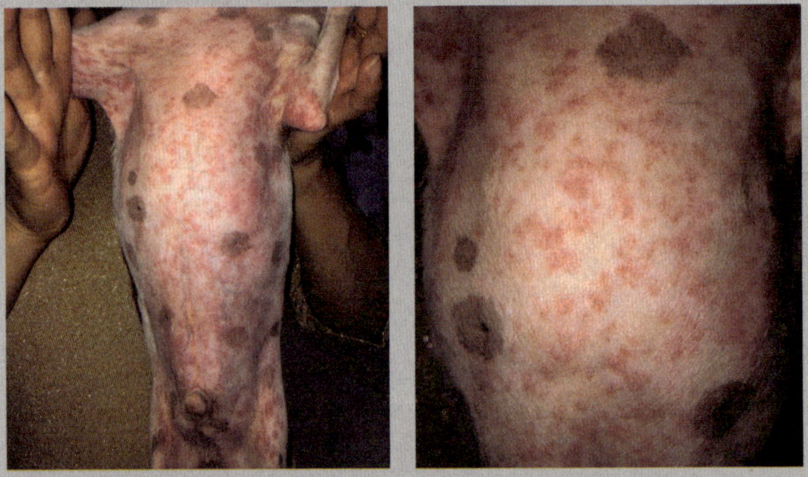

● 图中所示为寄生虫性皮炎症状

症状

　　根据寄生虫种属不同，症状存在一定差异，其共性特征有皮肤瘙痒、脱毛、红斑及麸皮样皮屑，大量寄生时可引起贫血、消瘦、发育不良等。

病因

跳蚤、虱、蜱等叮咬所致的皮炎，以及钩虫幼虫等引起。

治疗

1. 螨虫感染：一般使用伊维菌素皮下注射。
2. 跳蚤、虱、蜱叮咬，按说明书使用杀虫剂驱虫。
具体治疗方法应根据病原学鉴定结果依据医嘱进行。

专家指导

预防寄生虫性皮炎主要是避免狗狗接触陌生的环境及山林、野地等杂草丛生地带，同时做好圈舍及环境的清洁、消毒和杀虫工作，为宠物佩戴防虫项圈，使用高效低毒的杀虫剂定期驱虫，选用宠物专用沐浴液定期洗浴等。

费用

根据感染寄生虫的种类及感染的程度不同，费用存在一定差异。

蠕形螨病

由寄生于毛囊内的蠕形螨导致的一种皮肤病。

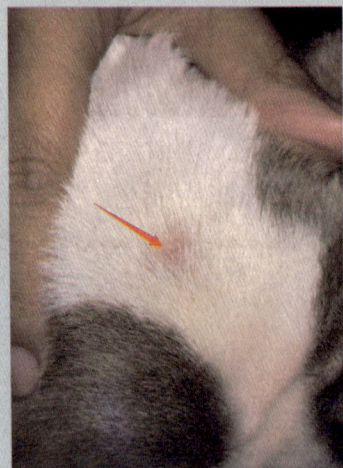

● 箭头所指为蠕形螨病灶

12

症状

1.轻度：局部的皮毛稀疏、皮肤轻度红斑、皮肤变粗糙变黑有皮屑。

2.中度：由局部扩展为多处或全身脱毛、丘疹、皮屑增多。

3.严重：绿豆大小脓包，内有红黄的脓液和皮脂，皮肤结痂、溃疡。

初期病变多在面部（唇附近）、四肢，特别是爪间，有时爪间水肿疼痛，瘙痒不明显，若同时发生细菌、真菌感染会有明显的痒感。

病因

接触刺激性强的任何药品如强酸、强碱或腐蚀性药物均可引起。

治疗

局部型部分可自愈，全身型较严重，甚至可能危及生命，同时本病治疗较困难，且治疗周期长，建议去宠物医院就诊。

专家指导

提高免疫力，避免高糖类食物，多吃生的深绿色食物（西蓝花、豆苗等），补充高质量蛋白质（三文鱼等）和高质量脂肪（鱼油等），还可以吃些鸡蛋黄（大型犬每日可吃4个，小型犬每日可吃1～2个），但不建议食用蛋清。

费用

根据疾病严重程度和个体情况，治疗周期不同，费用也不相同，具体价格以本地正规宠物医院治疗价格为准。

脂溢性皮炎

先天遗传性的
皮脂分泌过多所致。

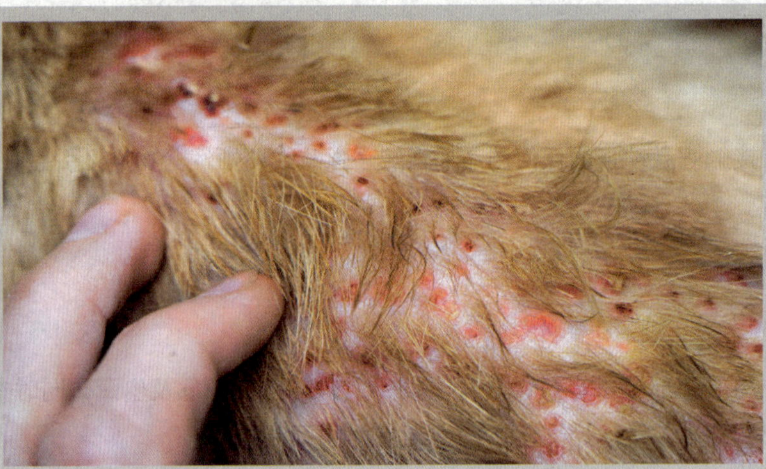

●图中所示为脂溢性皮炎症状

症状

犬的脂溢性皮炎多发生于面部（唇、耳）、颈、肘前、腋下、四肢爪间、背部等。患部常有浅黄色蜡状分泌物、皮肤粗糙变厚变黑、结痂、同时伴有皮屑增多，且皮屑呈油性黏附被毛，使被毛手感油腻。患犬通常耳垢增多或同时伴有外耳炎。瘙痒一般不明显，但严重时或因继发真菌感染、脓皮症时瘙痒明显。

美国可卡犬、拉布拉多猎犬、德国牧羊犬、腊肠犬易患此病。

病因

上皮细胞活性过高导致角质层鳞片大量脱落并伴随脱毛和过多的皮脂。

处理方法

狗狗如表现出上述相似症状应及时前往动物医院就诊，积极进行诊断、预防继发感染。

治疗

该病没有特异性诊断方法，确诊较为复杂，只有在排除了其他类似疾病后才能确定。确诊后，应按医嘱进行剃毛、药浴、口服脂肪酸补剂等调节皮脂，预防继发感染。

专家指导

该病确诊比较困难，需要依据临床经验和化验逐步排除其他病因。此外该病改善时间周期比较长，需要精心护理，每周药浴对该病的改善很有效果。

费用

治疗费用一般不高，若反复发作费用会增加，视发作次数和严重程度花费可能有比较大的差距。

食物不良
反应 ✿

由食物引起的
一种非季节性痛痒
反应。

●箭头所指为食物不良反应引起的唇部黏膜红肿、腿部感染及眼周红肿

症状

初次发病和症状较轻的患犬皮肤表现为红、肿、全身瘙痒，严重者会脱毛、皮肤流脓、变黑（色素沉着）。有时表现为外耳炎症状（甩头、用爪子搔耳部、头转向一侧）。如不及时治疗任由犬搔痒可导致皮肤破溃进而继发细菌感染、真菌感染。

病因

3个月内有日粮的改变，或者最近饲喂过以前从未食用过的食物，对消化的食物产生异常的免疫反应。

处理方法

对于食物不良反应导致的皮肤病要做好鉴别诊断，主人需仔细回想狗狗最近吃过什么，并及时带到动物医院确定病因，再进行治疗。主人可以将狗狗的指甲修剪平滑，穿上袜子，佩戴伊丽莎白圈防止因瘙痒导致抓伤、咬伤。

治疗

对于食物不良反应的治疗重点是要严格做好两个试验：排除饮食试验和饮食激发试验。试验的材料是能和狗狗口腔接触的所有东西，包括食物和啃咬的玩具。找出致敏物质，要严格禁食与禁止啃咬。此外，还需要进行止痒治疗，如果有继发细菌、真菌感染还应配合体内全身的抗生素疗法和体外抗真菌药物的使用。如果因瘙痒，导致狗狗自残抓伤、咬伤，还需要进行常规的外伤处理。

专家指导

　　该病确诊比较困难，需要依据临床经验和化验结果逐步排除其他病因。此外，该病改善时间周期比较长，每周药浴对该病的改善很有效果。

费用

　　食物不良反应的治疗费用一般不高。若该病反复发作费用会增加，视发作次数和严重程度花费可能有比较大的差距。

异位性皮炎

异位性皮炎是一种皮肤的瘙痒性、过敏性炎症，过敏原通常是环境中的过敏原，且具有遗传倾向。

症状

症状呈多样性，且会与其他皮肤病如脓皮症、马拉色菌性皮炎同时发生。通常表现为皮肤瘙痒，如经常用四肢抓挠、用嘴咬皮肤、与地面或墙壁摩擦。瘙痒的部位一般为前肢、耳郭，但耳朵边缘和腰背部通常不痒。发病年龄一般小于 3 岁，但 6 个月到 4 岁之间也有发病可能。易患犬种有：沙皮犬、可卡犬、大麦町犬、英国斗牛犬、拉布拉多寻回猎犬、雪纳瑞犬、巴哥犬、德国牧羊犬和金毛寻回猎犬等。

病因

该病是一个复杂的多因素导致的疾病，受免疫系统功能障碍、皮肤屏障受损、皮肤接触过敏原等多种因素影响。其中最重要的致病因素是免疫功能障碍和皮肤屏障受损，如皮脂分泌不足、干燥、皮肤菌群失调等。

处理方法

一旦发现狗狗表现出上述症状，应立即前往宠物医院治疗。该病的诊断依赖病史、症状、身体检查以及排除其他瘙痒性皮肤病，确诊后需进行过敏试验确定过敏原。

治疗

治疗包括脱敏治疗和护理疗法。脱敏治疗可口服抗组胺药等；护理疗法包括清除环境中的过敏原、改用低敏日粮配合不饱和脂肪酸补剂、每周药浴等。药浴对患犬很有帮助，一方面可以帮助清除困在皮毛上的过敏原，还可以改善脱水、受损的皮肤，兼顾外用药的作用。

专家指导

该病的治疗过程一般较长，且容易复发和继发其他皮肤病，需要主人耐心、积极的配合兽医。单一的用药治疗只是一方面，日常的护理也至关重要，应摸清过敏原以防过敏反应再发。此外，还需做好体外寄生虫的预防和按时复诊。

费用

治疗费用不高，但周期较长，还涉及日常护理。

跳蚤叮咬性过敏

跳蚤叮咬狗狗时对跳蚤唾液过敏的一种疾病。

症状

拨开毛可见皮肤表面有跳蚤或跳蚤粪（皮肤上的小黑点，湿水后为红色），同时伴有明显的瘙痒。一般常发部位为背部、尾部、后肢或脐部，有时还会出现丘疹（小的红色突起）、结痂、脱毛。疾病继续发展常导致外耳炎和浅表脓皮病。

病因

除了对跳蚤叮咬过敏外，生活环境不干净、在草地上玩耍、与有跳蚤的狗玩都会引起。

处理方法

经常给狗狗梳毛有助于驱赶跳蚤，同时还需要加强对环境的消毒。

治疗

3 使用体外驱虫滴剂杀灭跳蚤,也可以辅助药浴。如果狗狗经常去草地、森林玩耍可以佩戴跳蚤项圈。

专家指导

应按时给狗狗洗澡和定期进行体外驱虫工作,保证居住环境清洁。

费用

费用较低,但需要定期驱虫,建议每月一次最长不能超过3个月一次。

眼部疾病

狗狗的眼睛同样也是狗狗心灵的窗户，从那双可爱的眼睛里我们也能看到高兴、伤心、郁闷等情绪，保护好狗狗的眼睛和保护人的眼睛一样重要。但在日常生活中，我们却很少注意到狗狗的眼部健康，也因我们的疏忽而导致狗狗患上一些眼部的疾病。

究竟，狗狗常患的眼部疾病都包括哪些呢？

眼球脱出

眼球脱出是指眼球脱出于眼睑之外。

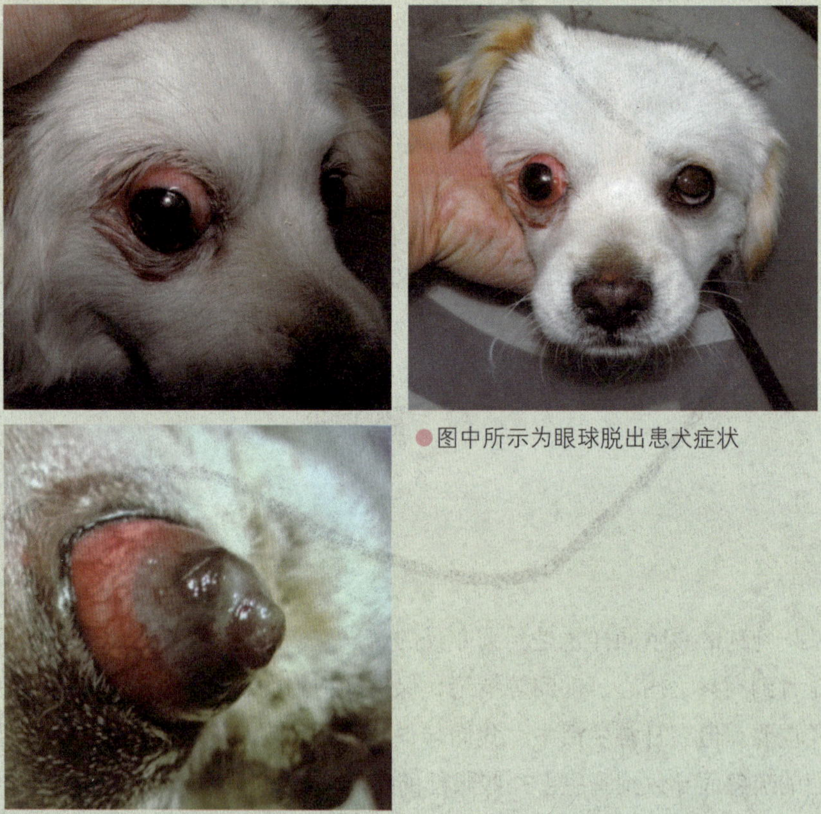

●图中所示为眼球脱出患犬症状

症状

轻度眼球脱出：眼球外脱于眼睑之外，不能自行收回；重度眼球脱出：整个眼球脱出，并且悬挂在眼睑之外，球结膜损伤，并且有着不同程度瘀血。随着时间的延长，会引起静脉瘀滞、充血性青光眼、虹膜炎、晶体脱位以及视网膜撕裂等并发症。

病因

犬猫争斗钝性挫伤以及眼底肿瘤等都会引起眼球脱出。

治疗

眼球脱位但和其他身体部位未被严重破坏，此时需经手术治疗。麻醉之后，将眼球清洗之后送还回眼睑，并将眼睑缝合，待其恢复后拆线。但术后有可能导致失明风险。

眼球脱位且被严重破坏，不仅丧失了其本身功能，其存在还会对本身产生危害，此时需经手术治疗，麻醉之后，将眼球摘除。术后应持续消炎，防止术后感染。

专家指导

外出遛狗时需给狗戴上牵引带，减少狗与其他动物的争斗，减少受伤风险。此外，还需要定期体检，减少潜在危险因素。

费用

由于疾病的严重程度、手术方式不同，故此费用不定。

眼睑内翻/外翻

眼睑内翻是指眼睑睑缘向眼球内翻转（眼皮内翻），可以单侧发病也可以双侧发病。内翻后，睫毛与眼球接触，持续、强烈的刺激角膜和结膜，发生很多并发症，如流泪、结膜炎等，甚至发生更严重的并发症。眼睑外翻是指眼睑睑缘向眼球外翻转，多发生在下眼睑，上眼睑偶有发生。

●箭头所指为上眼睑内翻

●箭头所指为下眼睑外翻

病因

内翻：先天遗传所致，结膜炎、角膜炎、倒睫等导致眼睑内翻。

外翻：先天缺陷所致，眼睑损伤、慢性眼睑炎、老年肌肉紧张力丧失等后天因素导致眼睑外翻。

治疗

内翻：多数治疗以手术疗法为主，进行眼睑内翻矫正术。

外翻：多数眼睑外翻可采用药物进行治疗，每日滴加眼药水和眼膏。具体药物种类以就诊医院兽医师开具处方为准。

除了药物治疗外，还可进行眼睑外翻矫正术。

专家指导

发现狗狗眼部异常应尽快前往医院就诊，切勿耽误病情，如若发生溃疡等应悉心照料，防止病情进一步恶化。

费用

由于病情严重程度不同、病因不同治疗方式也有很大不同，故此费用以当地执业兽医师开具处方为准。

干眼症

泪膜可保护角膜，为角膜供给营养。如果泪膜产生出现异常，会造成干眼症。缺乏泪膜容易引起角膜损伤。

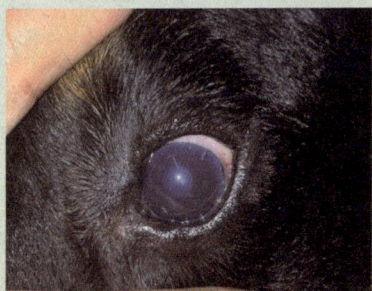

● 图中所示为干眼症患犬症状

症状

干眼症临床症状根据单侧或双侧、急性或慢性、暂时或永久等有所差别。

1.黏液或是黏液脓样性分泌物：此为干眼症患病动物中最一致的临床症状，可发现患病动物有大量黏稠分泌物粘在眼球表面。

2.眼睑痉挛：可能出现不同程度的眼睑痉挛（眼皮抽搐），也可能发现因眼角膜干涩产生刺激造成第三眼睑突出。

3.眼角膜溃疡：可看到黏液性眼分泌物会粘在溃疡处，严重时可能会发生眼角膜软化甚至眼角膜穿孔。

4.眼角膜血管新生或黑色素化：慢性干眼症患病动物中常见眼角膜血管新生与黑色素化，而此病变会影响视力，严重时会导致失明。

5.干涩或眼角膜浑浊：因为缺乏泪膜而导致眼角膜看起来干涩、不明亮，此为干眼症患病动物的典型外观，约有25%干眼症患病动物会出现此异常。

6.同侧的鼻孔干涩：通常同侧的鼻孔会较干涩，尤其是在神经性干眼症的患病动物中尤其明显。

病因

1.药物引起：目前已知磺胺类药物会直接造成犬泪腺组织的毒性。

2.手术造成：干眼症常发生于因第三眼睑腺脱出而切除第三眼睑腺的患病动物中，平均手术后4~5年会发生干眼症。

3.免疫引起。

4.外伤：损伤泪腺或支配泪腺的神经。

5.感染：犬瘟发生眼炎产生的并发症。

6.先天或者遗传。

处理方法

疾病程度轻时，可先用洗眼液进行清洗，之后长期每天定时使用人工泪液，如玻璃酸钠滴眼液。

治疗

内科疗法：

1. 调节免疫泪液刺激法，所用药物为环孢素 0.2% 膏剂。

2. 人工泪液与抗生素眼药水合用。

外科疗法：

腮腺管移植术，但手术难度大且并发症概率高，建议找有经验的眼科医生去做。

专家指导

当发生干眼症时，应尽早到医院做专业的检查，避免发展到角膜的深部。

费用

早期治疗费用适中,晚期治疗费用较高。

泪溢症

泪溢症是指泪液产生过多或者生理排出通道阻塞。

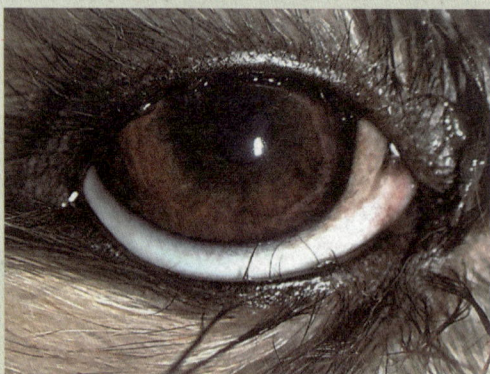

●图中所示为泪溢症患犬症状

症状

小型玩具贵宾犬与马尔济斯犬是最常发生该病的犬种。因为持续的泪溢，使内眼角毛发变成红棕色而影响美观。因为泪液中具有类乳铁蛋白色素，当动物泪液排出系统发生功能性阻塞或障碍时，产生泪溢会使毛发被染色。此疾病常发生于年轻动物，而眼睛通常没有其他不适的临床症状，部分动物在内眼角处会发生局部的皮肤炎。

病因

造成泪溢的原因有很多，如鼻泪管阻塞、眼内生长的毛发引流使眼泪顺势流至皮肤和毛发上，以及内腹侧的眼睑内翻、倒睫毛、泪湖较小、内眦韧带过紧、结膜褶皱造成泪液无法进入泪孔或眼睑关闭异常而造成泪液帮补失效。在部分病例中可能同时涉及多种因素，也有些病例不涉及上述任何一个因素。

处理方法

首先要找到病因，排除其他因素，若仅仅是鼻泪管阻塞性泪溢症，可以先通鼻泪管。还可进行更换食物、勤清洗狗狗物品、保持干燥等，避免发生皮肤炎。

治疗

1.若能找出造成泪溢的原因，则较容易控制其症状；若无法确定其原因，问题也不严重，此疾病只会造成美观上的缺陷，不会威胁动物视力或有不适感。

2.若患病动物存在眼睑内翻或倒睫毛，可在内眼角以简单缝合或手术缝合器使眼睑暂时性外翻，再观察其症状是否有改善来进行诊断。若进行眼睑外翻后 1 ～ 2 周，泪溢的情况有所改善，则建议进行永久性外翻矫正手术治疗。

专家指导

疾病程度轻者，不会影响视力。宠物主人需要注意保持宠物眼部皮肤和被毛的清洁与卫生。

费用

费用较低。

青光眼

由于眼房角阻塞，眼房液排出受阻导致眼内压增高所导致的疾病，单眼、双眼均可发生。

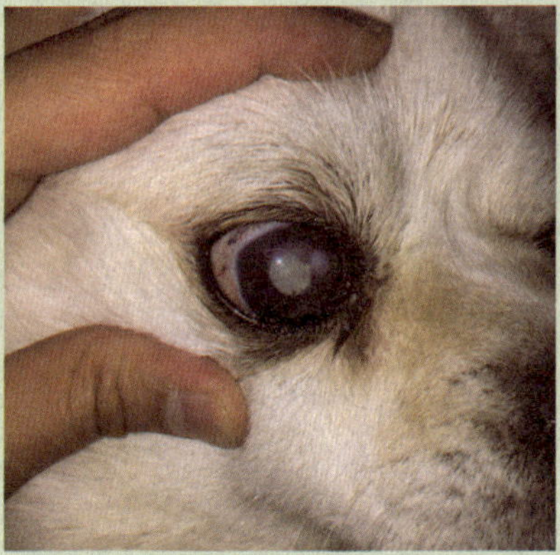

● 图中所示为青光眼患犬症状

症状

患犬表现为眼内压增高，有疼痛表现，出现畏光、眯着眼、流泪的现象，且眼球增大，突出，在阳光下常可见患眼表现为绿色或淡青色。患病初期，角膜表现为透明，后期则变为毛玻璃状，比正常的角膜会凸出些。视力减弱或消失，行走时，步态蹒跚，牵行乱走，有时甚至会冲撞墙壁。

病因

分为原发性青光眼和继发性青光眼。原发性青光眼具有品种易感性，比如萨摩耶犬、比格犬、小型贵宾犬等。维生素 A 缺乏、近亲繁殖等也会导致青光眼的发生。晶状体脱位是继发性青光眼的主要原因，角膜疾病也会继发青光眼。

处理方法

一旦发现狗狗眼部出现异常，及时去宠物医院治疗。

治疗

可采取高渗疗法，通过使血液渗透压升高，减少眼房液，降低眼内压。还可使用缩瞳药，内服碳酸酐酶抑制剂，减少房液的产生。严重者需进行手术疗法。

专家指导

发生眼部疾病时，应引起重视，及时就医。

费用

视严重程度而定，多预后不良。

白内障

晶状体囊或晶状体发生混浊。

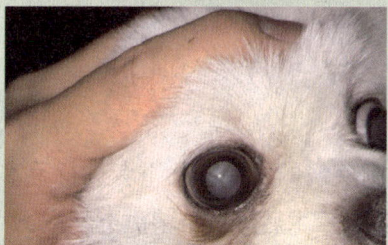

●图中所示为白内障患犬症状

症状

晶状体或晶状体囊混浊，瞳孔变色，视力消失或者减退。当混浊严重时，可发现眼球呈白色或者蓝白色。

病因

先天性白内障，为遗传性白内障。外伤性白内障，为各种机械性损伤导致的晶状体营养发生障碍。症候性白内障，多因为睫状体炎和视网膜炎继发而来。中毒性白内障，由二碘硝基酚和二甲亚砜引起犬的白内障。糖尿病性白内障，当狗狗患糖尿病时常伴发白内障。老年性白内障，多见于8~12岁老龄犬。幼年性白内障，多见于小于2岁的犬，由于代谢障碍所导致。

处理方法

一旦发现狗狗出现上述症状，及时就医。

治疗

早期白内障可以用药物治疗，控制疾病的发展。严重者进行手术，晶状体摘除术或晶状体乳化白内障摘除术。术后进行抗菌消炎。

专家指导

照顾好你的爱犬，远离环境差的地方，尽可能避免发生机械性损伤以及中毒。

费用

视疾病的严重程度而定。费用在几千块钱。

视网膜脱落

视网膜脱落又称视网膜脱离，是视网膜的神经上皮层与色素上皮层的分离。

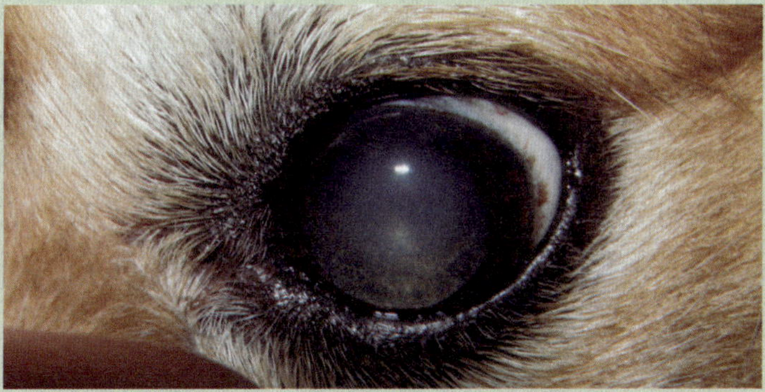

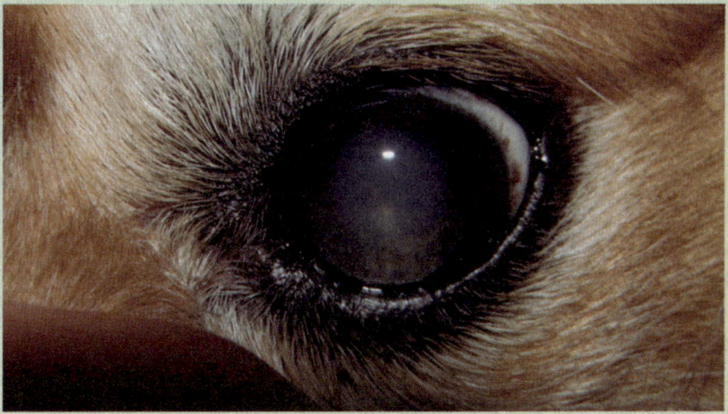

●图中所示为视网膜脱落患犬症状

症状

视力明显下降并伴有视线模糊等不适症状，还会出现视野缺损的情况。

病因

视网膜脱落跟年龄、遗传、外伤、血管瘤、脉络膜炎、骨膜炎和一些血液病等有关，最常见的是原发性视网膜脱落。

处理方法

在充分散瞳下，以间接检眼镜结合巩膜压陷可检查出网膜周边的情况。眼底检查可见脱落区的视网膜失去了正常的红色反光而呈现灰色或青灰色。

治疗

根据视网膜脱落的类型和机制采取不同的治疗方法，以手术治疗为主。

专家指导

视网膜脱落高危因素包括高度近视、眼外伤、老龄合并其他眼底病变等，对高危严重的增生性视网膜病变可及早进行玻璃体切割手术。

费用

部分脱落手术费用相对较低，需要几千元，完全脱落手术费用较高，需要一至两万元。

犬结膜炎

犬结膜炎是犬的眼结膜在受到刺激或者感染的时候发生的一种炎症反应。

● 箭头所指为结膜炎导致的红肿

症状

主要症状为眼部潮红、畏光流泪、眼睑痉挛、排出异常分泌物。

病因

由不良刺激或衣原体、病毒、细菌等病原体感染引起的结膜发炎。

处理方法

主人发现患犬有上述症状时，不要覆盖患眼，更不要盲目进行冲洗，应及时送往医院，进行治疗。

治疗

对结膜囊进行冲洗，防止分泌物蓄积引起更严重的感染。细菌性结膜炎应局部使用抗生素，滴眼药水进行治疗。情况严重的，还应进行全身治疗，根据患犬的全身情况判断是否是由其他疾病引起的继发性结膜炎。在此种情况下，应考虑积极治疗原发病。

专家指导

在治疗的过程中，适当地对结膜囊进行清理和消炎，治疗效果会更好。

费用

根据患犬的发病症状差异，所做检查、治疗方案不同，检查费用差异较大。

犬角膜溃疡

角膜溃疡即角膜上皮细胞的破损。

●箭头所指为眼角膜溃疡面

症状

当狗狗发生角膜溃疡时会表现出不愿睁眼、眼分泌物增多、抓蹭患眼等一系列的临床症状。如果患有角膜溃疡的狗狗没有得到及时有效的治疗，病情继续恶化会造成深部溃疡甚至角膜穿孔。

病因

常见病因有外伤、眼睑疾病、倒睫毛、异生睫毛、眼表炎症、干眼症、眼球突出、遗传疾病、角膜损伤、感染等。

处理方法

关注患犬身体状态，一旦出现症状时不要擅自处理，应及时送到医院进行治疗。

治疗

1.浅层及深层角膜溃疡：浅层角膜溃疡临床常用角膜上皮生长因子以及抗生素来治疗；深层角膜溃疡外用药效果不佳，需要考虑手术治疗。

2.顽固性角膜溃疡：是由于角膜结构自身的缺陷，造成的慢性浅表角膜溃疡。单纯的药物治疗效果不佳，需要考虑手术治疗。

专家指导

在日常生活中应尽可能避免尖锐物品对角膜的损伤。在患犬眼部出现异常状态时应及时带到医院就医，以防病情恶化，加大治疗难度，影响治疗效果。治疗后应定期复查。

费用

根据狗狗的发病程度不同，检查、治疗费用在 1000~7000 元。

葡萄膜炎 ✤

葡萄膜炎又称色素膜炎，是虹膜、睫状体及脉络膜组织炎症的总称。

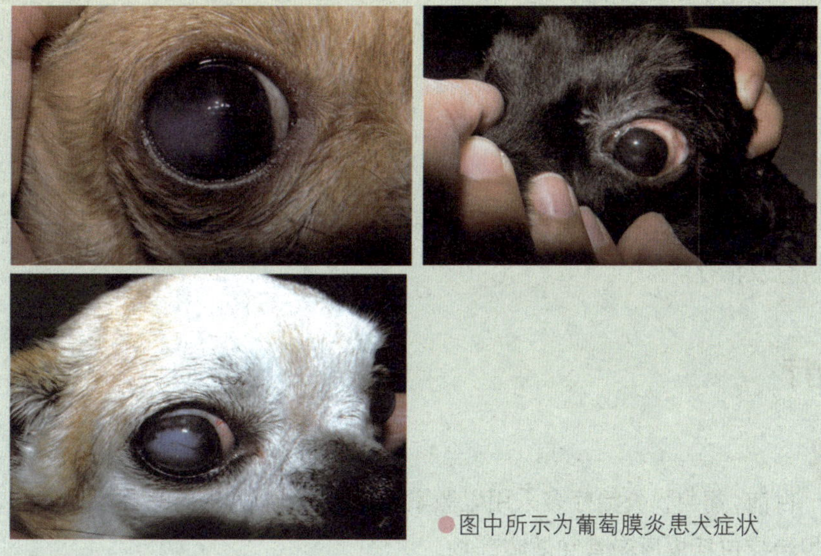

●图中所示为葡萄膜炎患犬症状

症状

葡萄膜炎按发病部位可分为前葡萄膜炎、后葡萄膜炎及中间葡萄膜炎。急性前葡萄膜炎症状明显、常突发、疼痛、畏光、流泪、视力减退。慢性前葡萄膜炎发病缓慢，症状不明显，检查可见结膜充血，前房积脓、积血，纤维絮状渗出，角膜后沉着物，虹膜水肿、粘连、萎缩、膨隆、新生血管，瞳孔缩小，玻璃体混浊等。中间葡萄膜炎发病症状为视力减退，检查见眼前段炎症较轻，玻璃体"雪球样"混浊，睫状体平坦部"雪堤样"渗出，周边视网膜炎、血管周围炎等。后葡萄膜炎症状为视力减退，检查见玻璃体混浊，眼底不同病期有不同表现。

病因

葡萄膜炎的病因复杂，多属自身免疫性疾病，也可由外伤、化学物质或邻近组织疾病蔓延引起。

处理方法

对怀疑病原体感染所致的葡萄膜炎，到附近宠物医院进行相应病原学检查及治疗。

治疗

目前，葡萄膜炎治疗多采用以激素、免疫抑制剂为主的综合治疗方法，常规治疗包括皮质激素和散瞳药物。

专家指导

葡萄膜炎极易反复发作，在机体免疫功能低下、使役过度、感冒时，容易复发。如察觉有复发症状，应及早诊治，以防发生永久性损害。

费用

葡萄膜炎的治疗费用需要几千块钱。

听觉灵敏是狗狗的天性，但很多疾病影响了狗狗天性的施展。耳朵是狗狗身上很脆弱的一个部位，也是常常容易被我们忽略的地方。有的主人在狗狗耳朵的清理工作上没有做好，等到狗狗耳朵有问题也没有及时地采取措施，最终导致耳部疾病的发生，甚至失聪。

耳部疾病

外耳炎

外耳炎是外耳道皮肤和皮下组织的炎症。

●箭头所指为耳部炎症引起的耳道红肿

症状

1. 发生局限性外耳道炎时耳痛剧烈，张口咀嚼时加重，并可放射至同侧头部，多感全身不适，体温或可微升。当肿胀严重堵塞外耳道时，会出现耳鸣及听力减退。检查有耳郭牵引痛及耳屏压痛，外耳道软骨部皮肤有局限性红肿。

2.弥漫性外耳道炎急性者表现为耳痛，有分泌物流出。检查亦有耳郭牵拉痛及耳屏压痛，外耳道皮肤弥漫性红肿，外耳道壁上可见分泌物积聚，外耳道腔变窄，耳周淋巴结肿痛。慢性者耳发痒，有少量渗出物，外耳道皮肤增厚、皲裂、脱屑，分泌物积存，甚至可造成外耳道狭窄。

病因

引起外耳炎的原因，其中包括细菌感染和真菌感染等皮肤疾病。常见致病菌为金黄色葡萄球菌、链球菌、绿脓杆菌和变形杆菌等。如果耳道内壁的敏感皮肤浸泡在水中太久，例如游泳时，或用棉花棒等异物刺激耳道内壁，或长期耳垢阻塞，都会增大发生感染的概率。

治疗

在弥漫性外耳炎中，局部用抗生素及皮质类固醇有效。局限性外耳炎应让其自行溃破引流，因切开排脓可导致耳部软骨膜炎的发生。

专家指导

局限性外耳道后壁肿严重者可使耳后沟及乳突区红肿，应注意与急性乳突炎区别。急性乳突炎者多有急性或慢性化脓性中耳炎病史，发热较明显，无耳郭牵拉痛，而有压痛。

费用

治疗外耳道炎的方法有很多，不同类型的外耳道炎治疗也是不相同的，因此，治疗外耳炎的费用不能一概而论。

中耳炎

中耳炎是累及中耳（包括咽鼓管、鼓室、鼓窦及乳突气房）全部或部分结构的炎性病变。

症状

1. 化脓性中耳炎。

急性化脓性中耳炎：其症状主要是耳痛、流脓。严重的并发症有颅内并发症、面神经麻痹等。

慢性化脓性中耳炎：本病在临床上较为常见，常以耳内间断或持续性流脓、鼓膜穿孔、听力下降为主要临床表现，严重时可引起颅内、颅外的并发症。

2.非化脓性中耳炎：其症状主要是听力下降、耳痛、耳鸣、耳内闷胀感或闭塞感。耳镜检查显示，急性期鼓膜周边有放射状血管纹。鼓膜紧张部内陷，表现为光锥缩短、变形或消失；锤骨柄向后、上方移位；锤骨短突外突明显。

病因

常见的致病菌主要是肺炎球菌、流感嗜血杆菌等。如果长时间处于大分贝的音量环境中，容易引起慢性中耳炎。

治疗

单纯型以局部用药为主，可用抗生素水溶液或抗生素与类固醇激素类药物混合液，如氯霉素可的松液、氧氟沙星滴耳液等。鼓膜大穿孔影响听力，可行鼓膜修补术或鼓室成形术。

专家指导

发现异常应尽快前往动物医院就诊，切勿耽误病情，防止病情进一步恶化。

费用

药物治疗较便宜，需要使用手术治疗则费用较高。

内耳炎

内耳炎为耳部感染侵入内耳骨迷路或膜迷路所致，是化脓性中耳乳突炎较常见的并发症。

症状

1.局限性迷路炎：阵发性或继发性眩晕，偶伴恶心、呕吐、眩晕。

2.浆液性迷路炎：眩晕、恶心、呕吐、平衡失调为本病的主要症状，或有听力明显减退，为感音性聋，但未全聋。可有耳深部疼痛。

3.化脓性迷路炎：眩晕、自觉外物或自身旋转、恶心、呕吐频繁，卷缩侧卧，不敢活动，平衡失调。耳鸣、患耳全聋。

病因

1.病毒感染：患病后血清测定，单纯疱疹病毒、带状疱疹病毒效价都有显著增高。

2.前庭神经遭受刺激：前庭神经遭受血管压迫或蛛网膜粘连，甚至因内听道狭窄而引起神经缺氧变性，因激发神经放电而发病。

3.病灶因素：可能存在自身免疫反应。

4.糖尿病：糖尿病可引起前庭神经元变性萎缩，导致反复眩晕发作。

治疗

一般以药物治疗为主，如抗生素加适量地塞米松静脉滴注。适当的应用镇静剂。严重者需要手术切开引流。即积极抗炎抗感染药物治疗和必要的手术治疗。

专家指导

内耳炎一旦发生，治疗起来非常困难，如果狗狗发生外耳炎或中耳炎应及时治疗，避免涉及内耳。

费用

根据发生的原因及治疗方法的不同，花费几百到几千元不等。

耳血肿

耳郭皮肤与软骨内血液聚集。

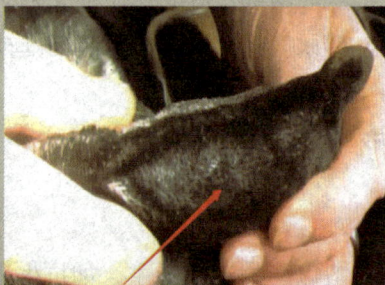

● 箭头所指为耳部炎症引起的耳道红肿

症状

动物一般先出现经常摇头、用爪子搔抓耳部的症状,进而出现耳血肿,即耳部肿大,摸起来柔软感觉里面充满了液体,后期会由于纤维化而变硬。

病因

原因不清，许多病例是由于外耳炎疼痛刺激不断摇头搔抓而导致耳郭内血管破裂，打架波及耳郭造成血管破裂也会引起耳血肿。

处理方法

尽快就诊，但需要配合医生找出根本病因，仔细回想出现症状前吃了什么、去了哪、干了什么。

治疗

彻底去除根本原因和手术治疗。术后要严格按照医嘱进行护理，良好的护理很重要，要避免动物破坏伤口防治感染。

专家指导

耳血肿很少复发，但一定要找出根本原因是什么，如果是外耳炎导致需要对外耳炎进行治疗如果是打架导致需要带好牵引绳。

费用

一般应进行手术治疗，费用 2000 元左右。

耳　炎

外耳道（鼓膜以外的部位）上皮的炎症，也成为游泳耳，因为多发生于游泳和洗澡后。

● 箭头所指为耳部炎症引起的耳道红肿

症状

耳朵大且下垂的犬和耳道有大量毛发的犬易发。典型症状为经常摇头、用爪子搔抓耳朵，不愿被触摸头部。

56

病因

许多原因可以引起本病,过敏(食物过敏性皮炎),外耳道内细菌异物、寄生虫、真菌、肿瘤等也会引起外耳炎,潮湿的环境有助于该病的发生。

处理方法

发现上述症状尽快就诊,如不及时治疗有发生中耳炎甚至内耳炎的风险,此时比较严重有致命的可能。此外要配合医生找到发病的原因才能彻底避免外耳炎的复发,仔细回想发病前吃了什么、去了哪、干了什么。

治疗

根据造成外耳炎的原因不同采用不同的治疗方案,但一般包括洗耳(彻底清除异物)、涂抹药物(直接改善耳道损伤、止痒)、口服药物(抗生素或抗真菌等)、驱虫等。当药物治疗无效时可以考虑手术,以防止炎症波及中耳。

专家指导

尽早发现异常尽早治疗。

费用

治疗周期较长,花费较多。如果采用手术花费更多,在千元左右。

前庭疾病

分为单侧外周、双侧外周和中枢性前庭异常而出现的病理变化，外周性前庭病比中枢性常见，中枢性前庭疾病一般预后不良。

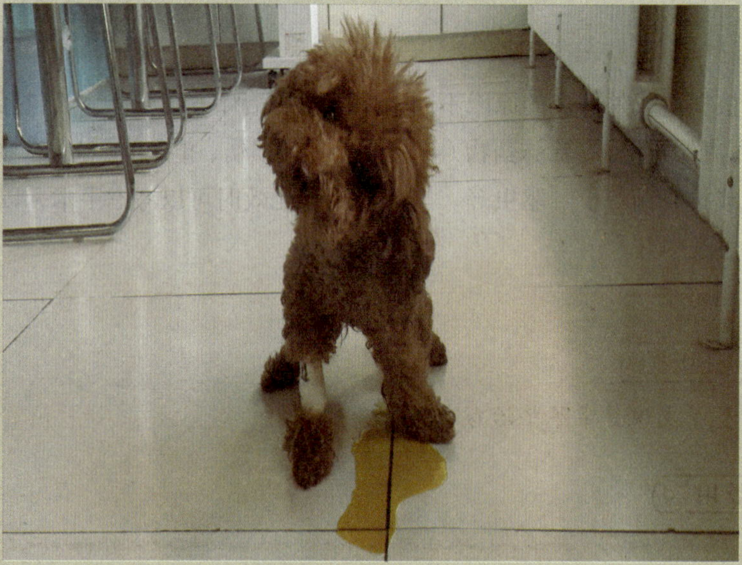

●图中狗狗出现歪头症状

症状

单侧外周性前庭疾病的典型症状是歪头、身体也偏向一边。双侧外周性前庭疾病的症状不是歪头，而是彻底丧失平衡和定位能力，眼球震颤，无法正常行走，走路常向一侧跌倒或转圈，四肢非正常的向外伸展等体态异常。

病因

外耳炎进一步发展波及内耳和前庭、肿瘤、车祸等外力损伤前庭等原因。

处理方法

尽快就诊。

治疗

根据发病原因不同治疗不同，一般彻底治疗病因后可以恢复，但肿瘤一般预后不良，感染需要积极治疗防止感染进一步扩散至脑干等部位。

○ 费用 ○

花费不等。

狗狗的口腔及牙齿

护理，很多时候都需要主人的照顾。

若想爱犬拥有坚固的牙齿及健康的身体，主人便应不怕麻烦而去做口腔护理。因为，当你发现爱犬的口腔，特别是牙齿出现问题的时候，就可能已经相当严重了。

口腔疾病

牙龈炎

常与牙垢形成有关的牙龈感染。

●医生在为牙龈炎患犬清除牙垢

症状

口臭、口腔疼痛导致的脾气暴躁、拒绝吃饭、流口水、牙龈红肿、出血。

病因

口腔卫生不良，齿缝间残留的食物会为细菌提供温床，大量细菌繁殖后在牙齿表面形成软垢、牙菌斑，直至牙石，从而诱发牙龈炎。

处理方法

需在日常生活中注意口腔卫生情况，一旦发现牙龈有红肿和吃食时有不适的情况，应尽快前往医院治疗。

治疗

要针对原发疾病进行治疗，有牙结石和口腔刺入异物等二次感染的疾病需要在口腔进行局部麻醉治疗，清理结石、异物并检查感染情况。

专家指导

牙龈炎多是由于狗狗长期不注意口腔卫生引起，所以建议定期给狗狗刷洗牙齿以预防本病的发生。可以给狗狗使用人用的软毛牙刷，和狗狗专用牙膏清洁，不可使用人用的牙膏。如果狗狗已经有牙石产生，要带狗狗去医院进行口腔检查并进行洁牙治疗，防止病情发生或继续恶化。

费用

根据不同的病情，以牙龈炎为主但未引发其他相关疾病时，治疗费用相对较低。如果牙根受到感染，则治疗较难而且费用比较高。

牙 石

犬牙石是由于犬未及时进行口腔清理，导致牙齿及口腔得不到充分清洁，使得犬牙出现牙菌斑，附着的异物中有矿物质析出，逐渐形成牙石。

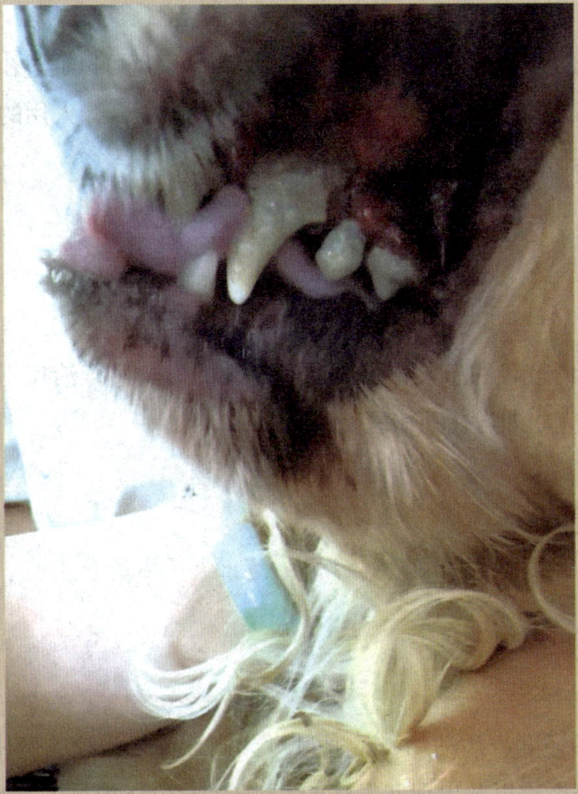

● 图中所示为犬牙石症状

症状

犬牙石表现为牙龈炎症，咀嚼困难，口腔异味，流涎，牙齿松动，牙颈牙龈交界处出现黄色、棕黄色或黑色牙垢。

病因

该病发病的原因主要是未能养成给狗刷牙的习惯。

处理方法

刚形成的犬牙石是软的，早期的牙垢和牙菌斑可以通过刷牙来处理，一般应一周给犬刷一次牙。牙膏要用宠物专用牙膏，人用的牙膏狗狗吞咽后对身体不好。

治疗

对于病情较轻的患犬，可以通过刷牙的方式进行治疗。对于病情较重的患犬，应立即送往动物医院进行就诊。

🐾**专家指导**

要在犬幼龄时养成刷牙的习惯，防止犬牙石的产生。

费用

对于轻度患病动物，可通过对犬刷牙进行治疗，费用不高。对于患病严重以及出现并发症的动物，治疗价格视具体情况而定。

蛀 牙 ✤

犬蛀牙是一种由口腔中多种因素复合作用所导致的牙齿硬组织进行性病损，表现为无机质脱矿和有机质的分解，随病程发展从色泽改变到形成实质性病损的演变过程，如不及时治疗，病变继续发展，形成龋洞，终至牙冠完全破坏消失。

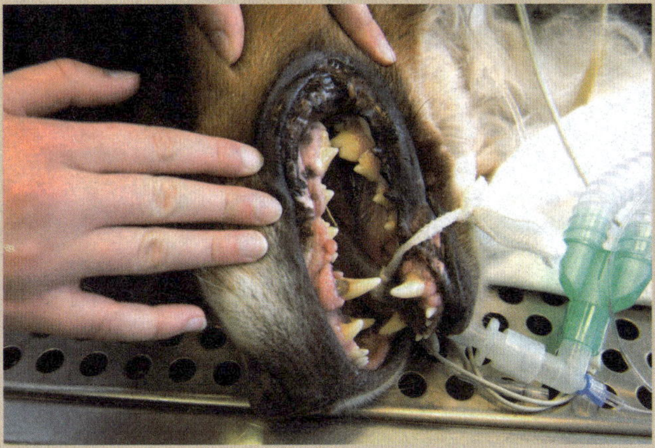

● 图中为犬蛀牙症状

症状

处于初期阶段的犬蛀牙主要在牙冠的部位进行发展，一般无明显龋洞，仅探诊时有粗糙感，后期出现局限于釉质的浅洞，无自觉症状。处于中期阶段的蛀牙渗过牙冠，侵蚀牙本质的时候，临床检查就会发现有明显龋洞，对外界刺激会出现疼痛反应，当刺激源去除后疼痛立即消失。

处于后期的阶段，蛀牙深入牙髓，这时候龋洞不仅大而且深，对外界的刺激有强烈反应，刺激源去除后，还会持续一段时间，比较敏感，而且有时会自发的疼痛。

病因

发病的原因包括饲喂给动物过软的食物。对于成年犬不能饲喂过软的食物，这样做极有可能造成食物的残留，食物卡在牙缝处，时间长了会造成蛀牙。饲喂过多甜食并且长期不清洁牙齿也会造成蛀牙。

处理方法

养成良好的给犬刷牙习惯。若蛀牙程度过深，应及时送往动物医院进行处理。

治疗

对于病情较轻的患犬，可以通过刷牙的方式进行治疗。对于病情较重的患犬，应立即送往动物医院进行就诊。

专家指导

不要给犬饲喂太软的食物，可以给犬啃骨头清洁口腔。养成良好的给犬刷牙习惯，少饲喂甜食，保持犬口腔清洁。

费用

对于轻度患病犬，可通过给犬刷牙以及保持口腔清洁的方式进行治疗，费用不高。对于患病严重以及出现并发症的犬，治疗价格视具体情况而定。

牙龈萎缩

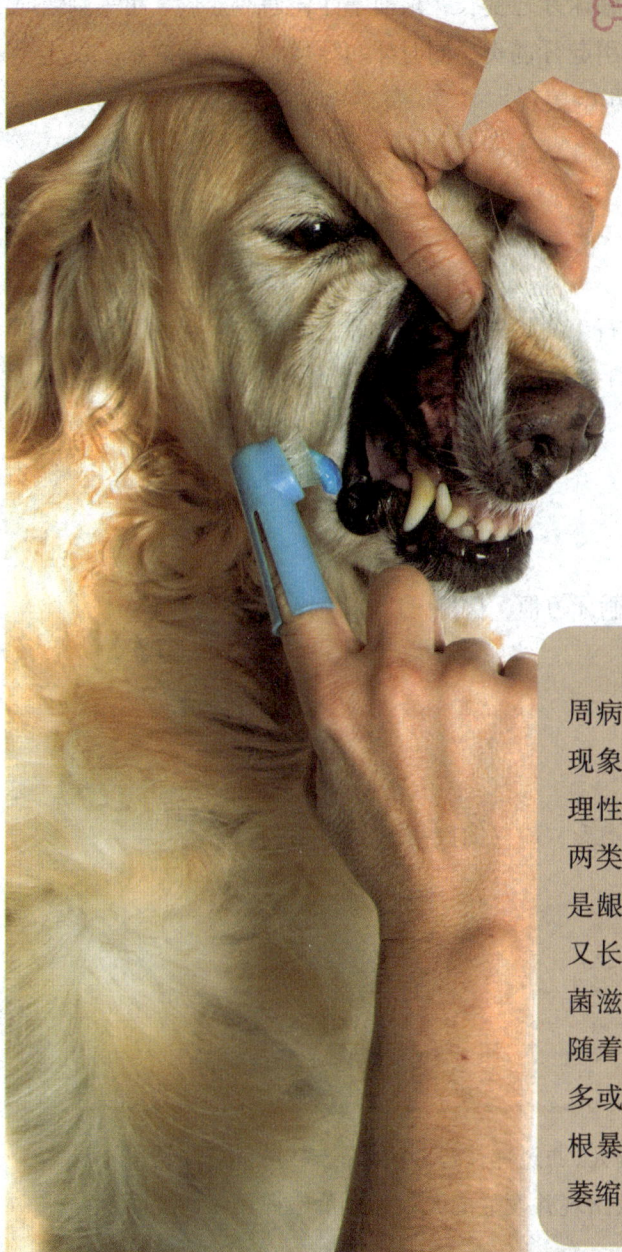

犬牙龈萎缩是由牙周病引起的牙龈萎缩的现象。牙龈萎缩分为病理性萎缩和生理性萎缩两类。病理性萎缩主要是龈缘部分存在牙石，又长期得不到清理，细菌滋生刺激所致；另外随着年龄的增长也会或多或少发生萎缩，使牙根暴露，这种为生理性萎缩。

症状

犬牙龈萎缩后，临床牙冠变长，根面暴露，遇冷、热、甜等刺激时有敏感现象，甚至可引起牙髓炎。同时牙间隙增大，食物嵌塞。发生于前牙的牙龈萎缩，会影响美观。

病因

龈缘部分存在牙石，又长期得不到清理，细菌滋生刺激可导致病理性萎缩。老年犬由于年龄增大可发生生理性萎缩。

处理方法

对犬养成良好的刷牙习惯，保持犬口腔卫生。

治疗

对于病情较重的患犬，应立即送往动物医院进行就诊。

专家指导

保持犬口腔清洁卫生。

费用

对于轻度患病犬，通过保持口腔清洁方式进行治疗，费用不高。对于患病严重以及出现并发症的犬，治疗价格视具体情况而定。

牙槽脓肿

犬牙槽脓肿又称为根尖周脓肿。牙髓炎若不能及时治疗，炎症会从牙冠牙髓向牙根方向扩张。当牙根内的感染作用于牙根周围组织时，就导致根尖周炎，再不治疗控制，根尖周炎很快会发展到化脓期，即牙槽脓肿。

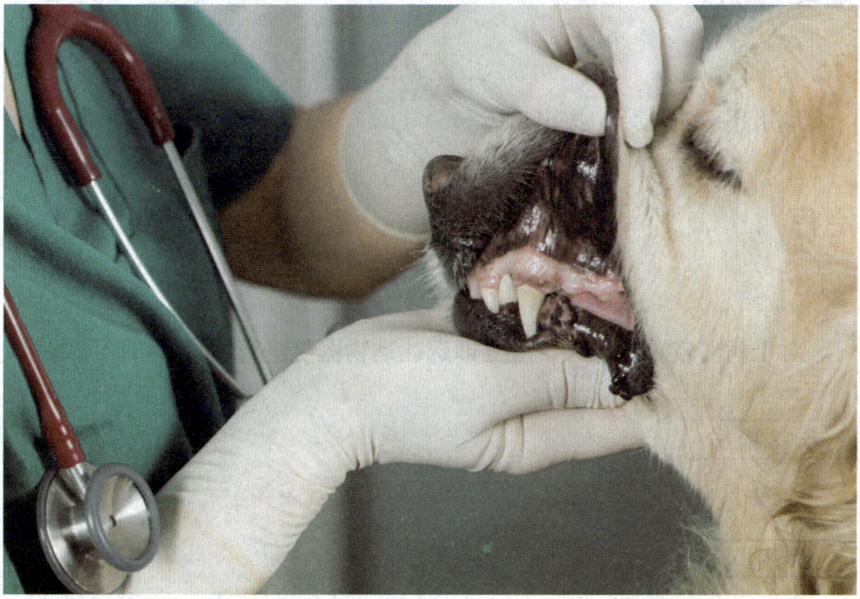

● 图中为犬牙槽脓肿症状

症状

有些牙槽脓肿是由慢性根尖周炎急性发作引起的。形成牙槽脓肿时会有剧烈的持续的疼痛，表现为啃咬疼痛等，严重时会出现局部肿胀或骨溶解形成瘘管、齿龈红肿、牙周袋有脓性分泌物。

病因

牙髓病中根管内长期存在的感染及病源刺激物长期作用于根尖周组织而导致的炎症状态。

处理方法

可用超声波洁牙，拔出患齿。

治疗

对于病情较重的患犬，应立即送往动物医院进行就诊。

专家指导

保持犬口腔清洁卫生，养成给犬刷牙的好习惯。

○ 费用 ○

治疗价格视患犬患病程度而定。

牙龈瘘管 ✽

犬牙龈瘘管为牙龈炎未及时治疗后出现的情况。牙龈炎发展为根尖炎后可出现根尖脓肿，其脓液可穿破骨板、骨膜及牙龈，通过牙龈上的瘘管排出。感染物排出后，瘘管可重新关闭，此后若积聚一定量的脓液后，瘘管又重新开放，如此反复。

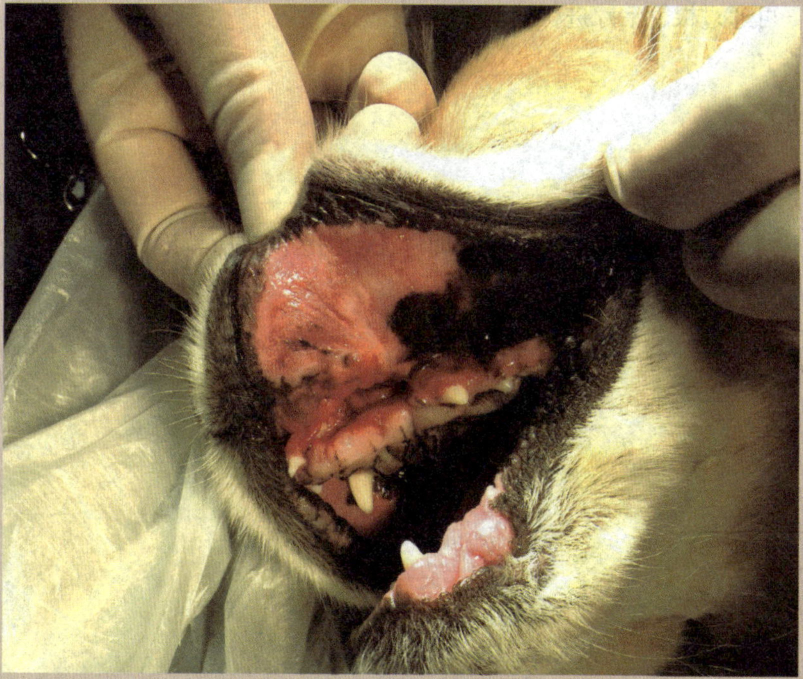

● 图中为犬牙龈瘘管症状

症状

牙龈处出现明显的瘘管。

病因

牙龈瘘管是由很多原因造成的，其中比较多的原因就是牙齿的根尖周炎的原因，牙根处有脓，通过瘘管排出。

处理方法

可通过根管治疗进行处理。

治疗

对于病情较重的患犬，应立即送往动物医院进行就诊。

专家指导

保持犬口腔清洁卫生，养成给犬刷牙的好习惯。

◦ 费用 ◦

治疗价格视患犬患病程度而定。

双排牙

犬 6 月龄时，犬口腔内的乳齿开始脱落，恒齿开始生长。然而在换牙期不注意犬日常饲养就会造成乳齿不脱落，恒齿生长缓慢，釉质层薄，结构不牢固，容易出现双排牙的情况。

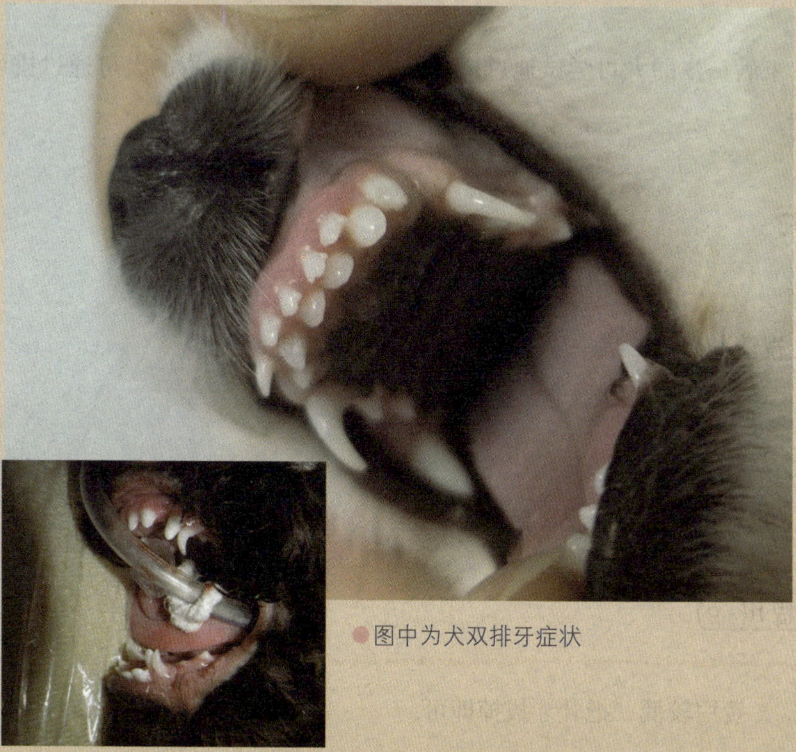

● 图中为犬双排牙症状

症状

犬乳齿和恒齿同时生长，清洁起来会更困难，这会大大增加犬口臭、感染口腔疾病的概率，容易导致细菌滋生。

病因

犬在换牙阶段日常饲喂营养不均衡，过度补钙或者缺钙，长期吃软的日粮以及缺乏磨牙都会造成双排牙。

处理方法

未满一岁的犬可尝试通过磨牙的方式处理，满一岁的犬可通过拔牙处理。

治疗

视情况而定，满一岁的犬应送往动物医院进行就诊。

专家指导

在犬换牙期间注重犬的营养，不要饲喂太软或泡发的日粮。

费用

费用较低，把乳牙拔掉即可。

老年期掉牙

犬随着年龄的增加，身体衰退，口腔内的牙齿也会慢慢掉落，是正常生理现象。

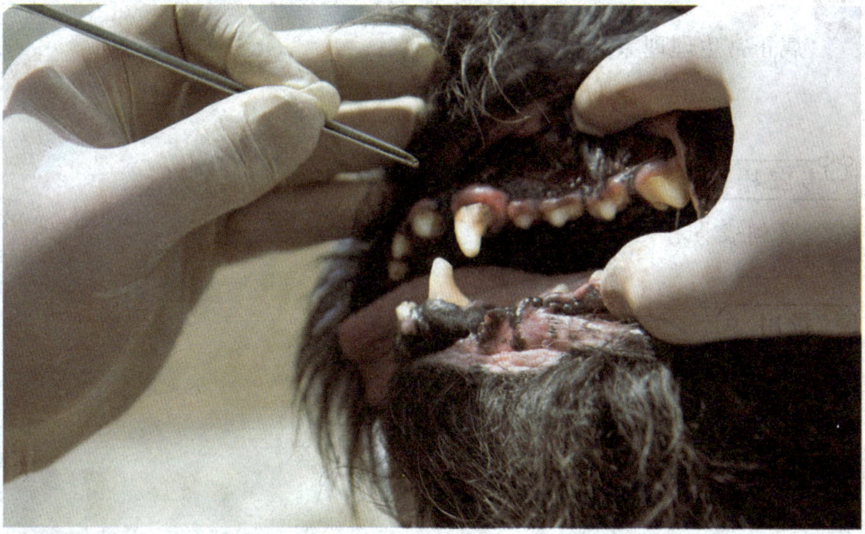

● 图中为犬老年期掉牙症状

症状

犬随着年龄的增大，牙齿逐渐掉落。

病因

犬随着年龄的增大，牙齿会逐渐松动，掉落。

处理方法

将狗粮泡软后饲喂，饲喂易消化的食物。

治疗

属正常生理现象。

🐾专家指导

多饲喂易消化的食物。

费用

治疗价格视患犬患病程度而定。

口腔溃疡 ✤

犬口腔溃疡是一种常见于口腔黏膜的溃疡性损伤疾病，多见于唇内侧、舌头等部位。

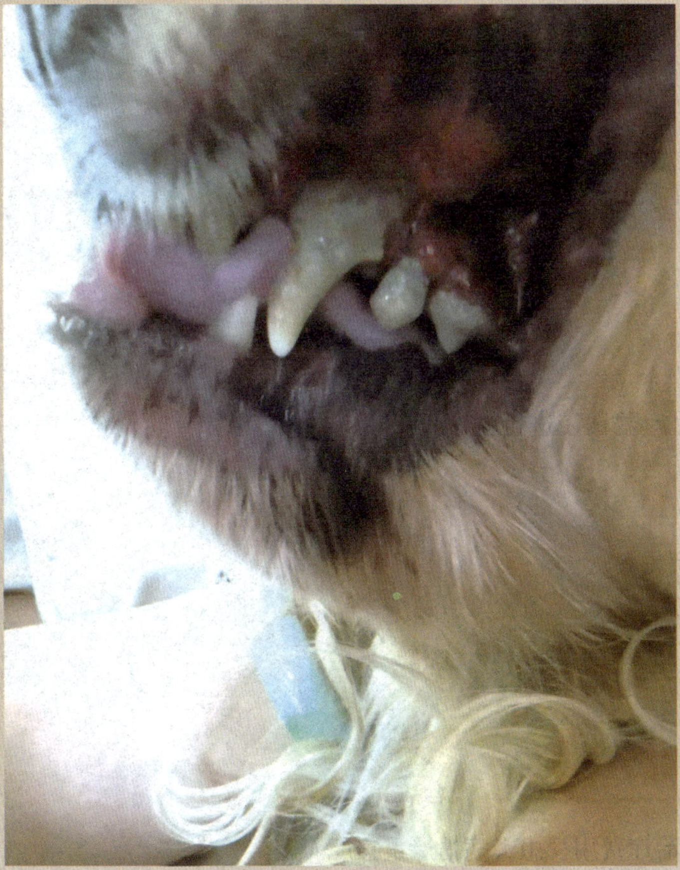

● 图中为犬口腔溃疡症状

症状

口腔溃疡发作时，剧烈疼痛，严重时还会影响进食，使得精神不振。

病因

口腔溃疡的发生是多种因素综合作用的结果，其包括局部创伤、精神紧张、营养不良、激素水平改变，及维生素或微量元素缺乏等。

处理方法

饲喂维生素 B_2、维生素 C。

治疗

及时送往动物医院进行就诊。

专家指导

保持口腔卫生，给予维生素。

费用

具体治疗费用视患犬病情严重程度而定。

呼吸系统疾病

  犬的呼吸系统疾病主要有咽喉炎和支气管肺炎等。咽喉炎是喉黏膜和黏膜下组织发病，多由感冒引起，也有因鼻炎、支气管炎引起的。急性咽喉炎有时呈现呼吸性困难，甚至窒息死亡。支气管肺炎是支气管和肺泡的炎症，多由感冒引起，病因主要是受寒。

气管塌陷

气管塌陷是指由于气管软弱无力和扁平而引起的一种气管阻塞的疾病。

●箭头处为气管塌陷后形状改变的气管

症状

典型的气管塌陷多发生在中年（5岁）小型犬上。

常见症状是咳嗽如"鹅叫声"，特别是在高兴、运动或颈部受到压迫时会剧烈咳嗽。

病因

气管软骨存在先天异常。

处理方法

怀疑该病可通过去医院进行 X 光确诊。同时避免刺激呼吸道，减少运动，避免犬过于兴奋，因为在犬激动时可能会因为气道阻塞导致缺氧死亡。

治疗

对于轻度症状的犬气管塌陷不足 50%，采取药物治疗，镇咳药、气管扩张药、皮质类固醇类药物、镇静药，必要时吸氧。中度或重度的临床症状的犬气管塌陷大于 50% 可考虑进行外科手术治疗。

专家指导

犬气管塌陷病程进展缓慢，可能唯一的症状就是偶尔咳嗽，但若同时发生其他呼吸道疾病，咳嗽会进一步刺激呼吸道，造成恶性循环加重，会造成呼吸困难进而威胁生命。所以犬的生活环境要远离对呼吸道有刺激性的物质和过敏源，肥胖的犬进行减肥。

费用

轻度治疗费用不高，重症手术治疗费用较高。

肺 炎

肺部的炎症称为肺炎，细菌感染导致的肺炎最为常见。犬的细菌性肺炎是常见疾病。虽然副流感病毒、犬腺病毒一型、犬瘟热病毒均会引起呼吸道症状，但肺炎一般是继发于气管炎。

●箭头为胸膜肺炎所导致的胸腔模糊，无法辨别结构

症状

呼吸道症状和全身症状。呼吸道症状包括咳嗽、流鼻涕、剧烈运动后喘得厉害。全身症状包括精神不振、体重减轻、不喜欢吃东西。患肺炎的犬一般由气管炎发展而来。

病因

细菌通常通过气道进入肺部造成感染，有时细菌也可以通过血液直接进入肺部。犬肺炎有很多诱发因素，如应激、患有免疫抑制疾病、犬瘟热等呼吸道病毒感染、吸入异物等。

处理方法

发现犬咳嗽流鼻涕的症状需要及时前往医院，肺炎的诊断需要血常规、肺部 X 光、气管冲洗物培养，精确的诊断是有效治疗和康复的前提。

治疗

在明确该病致病菌种类后通常治疗效果很好。常用治疗方法有使用抗生素、雾化等，具体用药还需要视具体情况而定。若除了细菌还存在别的诱因需要排除诱因，且时刻关注是否复发或加重。

⊙ 费用 ⊙

诊断该病需要花费一定的费用，总体价格适中。

呼吸系统疾病

慢性气管炎

慢性气管炎是长期的气道炎症引起的，通常造成气道的不可逆的破坏。

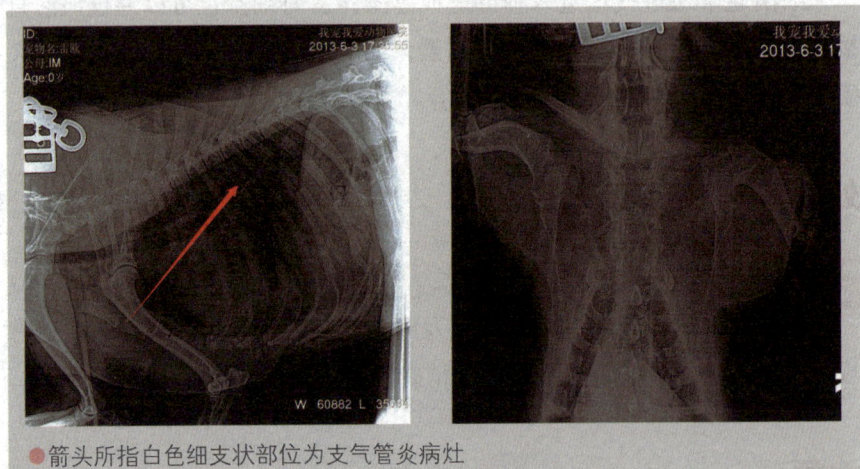

● 箭头所指白色细支状部位为支气管炎病灶

症状

犬慢性气管炎最常发生于中年及中年以上的小型犬。常见症状是数月至数年的咳嗽，咳嗽可能不频繁不严重。有时运动后会出现呼吸困难。没有像肺炎一样的全身症状。但在兴奋、应激或接触刺激物和过敏原后可能会暂时加重慢性气管炎造成更严重的症状。

病因

病原不明，可能是由于长期感染、过敏或吸入刺激物导致，三者之间很难确定因果关系。

处理方法

慢性支气管炎就诊一般是因为突然的病情加重。主人需要密切关注爱犬的状态及时就诊，尽量保持环境的清洁，避免集中更改狗粮、用具以免造成应激。

治疗

慢性支气管炎治疗时间长，需要主人有责任心，愿意长期用药，密切关注爱犬以防继发其他疾病和突然的加重。常用药物可以选择抗生素、激素、镇咳药、气管扩张药等，药物的使用需要按照医嘱。

◦ 费用 ◦

治疗时间长需要花费较多的金钱和大量的时间。

短头犬气道综合征

短头犬气道综合征是短头品种犬（如斗牛犬）因解剖结构异常而引起的一系列症状。

症状

呼吸声音重，打呼噜，呼吸困难，剧烈运动和高温后剧烈喘气，严重时会发生昏厥，造成死亡。

病因

先天解剖结构异于其他品种犬，它们鼻孔狭窄，软腭过长，喉部气管塌陷和气管发育不良导致空气通过气道时受阻、呼吸困难。

处理方法

当呼吸受阻时短头犬的解剖缺陷会加重呼吸困难造成生命危险，此时需要进行紧急抢救。因为短头犬的解剖结构特殊，在麻醉时需要格外注意。日常需要尽可能地减少加重呼吸困难的诱因如运动、兴奋、中暑。

治疗

可以考虑药物治疗如激素，出现呼吸困难的症状时一定及时就医采取急救措施。严重时可以考虑手术纠正缺陷。

○ 费用 ○

如果采用手术治疗，费用较高。

呼吸系统疾病

鼻　炎

鼻腔的炎症，多是由于病毒、细菌、真菌（较少）感染或过敏导致。

症状

犬单侧或双侧鼻孔流鼻液，鼻液可以是清水样也可能浑浊或带血；打喷嚏。

病因

细菌、病毒（犬瘟热病毒）、接触过敏原感染导致。

处理方法

发现有流鼻涕状况及时就诊，尽早治疗费用少、危害低。

治疗

细菌性鼻炎选择抗生素治疗；病毒性鼻炎治疗比较复杂，包括抗病毒、全身支持治疗；过敏性鼻炎远离过敏原，口服抗过敏药物等。

🐾 专家指导

一般鼻炎很容易康复，但如果病程耽误太久或为犬瘟热导致则很不好治疗，所以一旦发现犬流鼻涕症状则需要密切关注，一旦病情加重请就诊治疗。

○ 费用 ○

根据犬的发病情况，治疗费用几百元至数千元不等。

犬鼻窦炎

犬鼻窦炎是鼻窦的炎症。鼻窦是鼻腔周围的多个含气的骨质腔。

症状

流鼻液、打喷嚏，与鼻炎类似。

病因

寄生虫、真菌、细菌、病毒感染导致的组织增生，异物吸入鼻窦。

治疗

抗生素、抗病毒、抗真菌药物。慢性鼻窦炎对药物不敏感，可采用支持疗法或手术。

○ 费用 ○

视严重程度而定。

传染性疾病

狗狗从出生一直到它去世，这一生的时间内会面临很多疾病的困扰，尤其是狗狗传染病，而这些传染病严重到能够威胁到狗狗的生命。

所以，我们在饲养狗狗的时候一定要记得预防狗狗传染病，

那么狗狗传染病究竟有哪些呢？

犬传染性气管支气管炎

犬传染性气管支气管炎即犬窝咳，是一种高度接触传染性、局限于气道的急性疾病。

● 箭头所指白色细支状为病变

症状

严重的咳嗽，在运动后、兴奋时、用力拉拽牵引绳时加重；有时会持续咳嗽至干呕、呕吐；可能同时伴有流鼻涕的症状。患病的犬通常在2周内有以下经历：运输、寄养、领养、与有相似症状的犬接触。

病因

引起感染的因素可以是一种或多种，包括犬腺病毒二型、副流感病毒，其他细菌、病毒、真菌也可能作为继发病原。

处理方法

无继发感染的传染性气管支气管炎是一种自限性疾病，2周内几乎所有犬的症状可自行消退，该病具有高度传染性，发病期间应将患犬与其他犬进行隔离，避免运动、兴奋，减少咳嗽以降低对气道的刺激。

无继发感染的传染性气管支气管炎无全身症状，若犬2周内症状没有缓解或咳嗽的同时出现体重减轻、厌食、腹泻、抽搐等其他症状，提示可能同时患有其他疾病，此时病情加重，应前往动物医院就诊。

治疗

治疗前应准确鉴别病原菌，并针对病原菌使用相应敏感的抗生素；止咳药也经常使用；其他药物应视具体情况，按医嘱使用。

专家指导

辉瑞、英威特均有针对传染性气管支气管炎病原——犬腺病毒二型、副流感病毒的疫苗，但实际上预防继发严重的病毒感染如犬瘟热、细小病毒才是降低幼犬死亡率的重点，因此建议所有幼犬按时注射疫苗。

费用

该病治疗费用不高。但若发生继发感染，则治疗费用会增加。

犬瘟热

犬瘟热是由犬瘟热病毒引起的犬的一种高度接触性传染病，俗称狗瘟，所有年龄的未免疫犬都易患此病，但多发于 3 ~ 6 月龄以下的幼犬。

●犬瘟热患犬通常在鼻眼处存在大量的脓性分泌物

症状

犬瘟热的特征为高热（持续2天高热后恢复正常，如此循环）、呼吸道症状、胃肠道症状和神经症状。

病犬表现体温40.0～41.1℃（持续高热2天后恢复，如此循环）；食欲降低，精神不好；眼睛红肿，有大量分泌物严重时会导致眼睛睁不开；咳嗽；呕吐，腹泻；神经症状出现的时间比较晚，表现为癫痫（突然倒地抽搐）、肌肉阵发性痉挛（肌肉不自主抽动）、不自主地点头等，出现神经症状一般代表疾病发展到严重程度，预后不良，病犬通常以死亡为结局。

病因

病犬一般未接种过疫苗，疫苗接种不当或存在免疫系统抑制性疾病不能很好产生抗体；未食用健康母犬的母乳；接触过患病的动物。

犬瘟热病毒感染导致，犬瘟热病毒可通过粪便、尿液、鼻涕、眼屎传播给其他犬。

处理方法

发现疑似犬瘟热的症状时，应立即送患犬前往动物医院就诊，避免延误治疗时机。还应将患犬与健康犬进行隔离以防传染，且用来苏儿等消毒剂消毒犬舍及其用具以消除环境中的犬瘟热病毒。

传染性疾病

治疗

该病治疗应视病犬具体情况而定，应遵从医嘱。但基本分为：

1.支持疗法：改善呼吸道、胃肠道、神经系统症状，提高病犬的生活质量。

2.血清疗法：对病犬注射犬瘟热高免血清、免疫球蛋白或五联血清，该疗法在发病初期治疗效果较好。

专家指导

该病应以预防为主，幼犬应按时准确注射疫苗。一旦怀疑发生此病应立即送往动物医院进行诊断、治疗。

费用

犬瘟热治疗时间长、费用高，且犬体重越大费用越高。若同时感染其他病毒性疾病（细小病毒病）或细菌性疾病等，则费用更高。

犬细小病毒病

犬细小病毒病又称犬传染性出血性肠炎，是由犬细小病毒引起的犬的一种急性传染病。主要发生在 2 ~ 8 月龄幼犬中，因在小肠上皮细胞和心肌细胞内大量繁殖可分为肠炎型和心肌炎型。

● 箭头处为细小病毒病主要特征，便血

症状

患犬精神沉郁、发热、不食、剧烈呕吐、贫血、牙龈苍白，粪便带血呈酱油样或番茄汁样、带有果冻状黏液（肠黏膜）且通常具有难闻的恶臭味，血常规检查白细胞显著减少，临床检查提示心肌炎。病犬迅速脱水，消瘦，严重可因衰竭而死亡。

病因

该病由于感染犬细小病毒所致。病犬的粪便、尿、唾液、呕吐物中均含有病毒，会污染饲料、饮水、食具和周围环境，健康犬因接触病犬或食入污染物而感染。

处理方法

及时去动物医院就诊，确诊后应将患病犬与健康犬隔离起来，消毒病犬用具，消毒液可使用漂白水。同时还需加强对患病犬的护理，病犬一般贫血需要补充营养，且病犬胃肠功能脆弱，应该喂低脂易消化的食物。

治疗

1.特异性疗法：单克隆抗体、抗血清。
2.对症疗法：补液、止血、止吐、防止继发感染。
输血疗法对本病也有较好的治疗作用。
具体治疗应视病犬具体情况而定。

　　加强检疫，接种疫苗，防止健康犬与患病犬接触。对犬舍及场地进行消毒。

○ 费用 ○

　　费用较高，治疗周期一周甚至更久，且视病的严重程度有所不同，如采用输血疗法费用更高。

传染性疾病

犬冠状病毒感染

犬冠状病毒感染是一种具有高度传染性的局限于肠道的疾病。

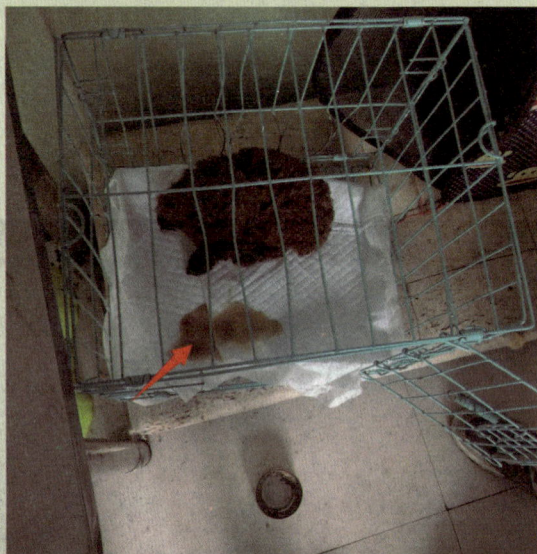

● 箭头处为冠状病毒病引起肠道炎症所排出的血便

症状

轻微的腹泻、呕吐、厌食。

病因

感染犬冠状病毒。接触过患病犬，幼犬更易患。

处理方法

单纯感染犬冠状病毒只有轻微的胃肠道症状，前往动物医院对症治疗即可，基本不会造成死亡。犬冠状病毒具有高度传染性，通过患病动物的粪便传播给其他犬，因此患病犬需要与健康犬进行隔离。犬冠状病毒对消毒剂敏感，可用84消毒液清洁犬舍。

犬冠状病毒侵袭小肠绒毛上皮细胞，该部位也是犬细小病毒主要感染的部位，所以有些患犬同时还并发犬细小病毒感染，此时可危及生命应马上前往动物医院进行治疗。

治疗

治疗前需要确诊，通过粪便检测犬冠状病毒。单纯感染犬冠状病毒对症治疗呕吐、腹泻，提高食欲，并视病情考虑是否需要补液。并发其他感染时，情况复杂应遵从医嘱。

专家指导

犬冠状病毒很少导致6周龄以上的犬发病，建议不必给成年犬接种冠状病毒疫苗。

费用

单纯患犬冠状病毒费用不高。若发生继发感染费用会增加，视继发感染的严重程度花费差别比较大。

传染性疾病

犬副流感

犬副流感是犬副流感病毒感染犬的主要的呼吸道传染病。犬副流感病毒可感染各种年龄和品种的犬。

症状

犬副流感是犬主要的呼吸道传染病。病犬疲软无力，发热，流大量黏液性、不透明鼻分泌物，咳嗽。当与支原体或支气管败血波氏杆菌混合感染时，病情加重，体温升高至 40℃以上。单纯的犬副流感病毒感染常可在 3 ~ 7 天自然康复，继发感染咳嗽可持续数周，甚至死亡。有些幼犬感染后可表现后躯麻痹和运动失调等症状，即病犬后肢可支撑躯体，但不能行走。

病因

感染途径主要是呼吸道，病犬的呼吸道分泌物可感染其他犬。感染期间病犬因抵抗力降低可继发其他细菌感染。

处理方法

与冠状病毒感染相似，单纯的犬副流感病毒感染，2 周内几乎所有症状可自行消退。无继发感染的犬无全身症状。若犬 2 周内症状没有缓解或咳嗽的同时出现体重减轻、厌食、腹泻、抽搐等其他症状，提示可能同时患有其他疾病，此时病情加重，应前往动物医院就诊。

治疗

对发病犬可注射高免血清，另外用犬血球蛋白静脉滴注，以提高犬体的抗病力。可静脉滴注广谱抗病毒药。高热的犬可用退热药，咳嗽严重的犬，可以使用化痰止咳冲剂，减轻病情。中药可用抗病毒口服液、双黄连、板蓝根等。当犬感染犬副流感病毒时，常常继发感染支气管败血波氏杆菌、支原体等。因此，应用抗生素类药物防止继发感染，减轻病情，可促使病犬早日恢复。现在多使用六联弱毒疫苗和五联弱毒疫苗进行预防接种。

传染性疾病

单纯的副流感病毒感染，做好隔离，一般2周可自行痊愈。重要的是要鉴别出是否是其他危害性较大、死亡率较高的呼吸道疾病，例如犬瘟热、支原体感染、真菌性肺炎、耐药性细菌感染等。若犬发生呼吸道疾病，建议去宠物医院做鉴别诊断。

费用

单纯的副流感病毒感染需要的费用不高，若有其他严重的呼吸道疾病混合感染，继发感染，需要去医院进行相关化验，化验费根据化验项目而定。治疗费用适中。

犬传染性肝炎

犬传染性肝炎是由犬腺病毒 1 型引起的犬的一种急性、高度接触性、败血性传染病。

症状

患犬体温升高至 40~41℃，凝血异常，出血不易止住，黏膜、皮肤表面有瘀血斑／点；食欲不振，便血，腹泻，呕吐；腹痛，表现为弓背；角膜水肿，表现为整个眼睛发蓝白色；眼睑、头、颈部皮肤发生水肿；生化结果提示肝脏损伤。

随着疫苗的普及，典型病例越来越少，临床常为亚临床或隐性感染。

病因

犬传染性肝炎由犬腺病毒1型感染引起。患犬的粪便、尿液、血液、唾液和鼻腔分泌物可传播该病毒。

处理方法

本病多在感染后2～12天康复，对于未注射疫苗的幼犬可能发生死亡，成年犬多能自行恢复。当幼犬表现出临床症状时应及时就诊。

治疗

治疗原则：对症治疗和控制继发感染，必要时可以使用犬腺病毒1型特异性血清治疗。对症治疗一般包括退热、保肝、调节体液平衡等。同时注意饲养管理的卫生，可用新洁尔灭消毒患犬的用具和环境。

专家指导

人工接种疫苗是本病的防制的根本方法，目前我国使用的五联苗中就包含犬传染性肝炎的疫苗，幼犬于8周龄进行初次免疫，21天后进行第二次免疫，相同时间后进行第三次免疫。成年犬每年免疫一次，即可达到有效免疫的目的。

费用

幼犬进行常规免疫可以很大程度上防止本病的发生，如果发病，治疗费用根据病情而定，使用高免血清费用较高。

犬钩端螺旋体病

犬钩端螺旋体病是由致病性的钩端螺旋体引起的一种人畜共患病。北方区发病很少。

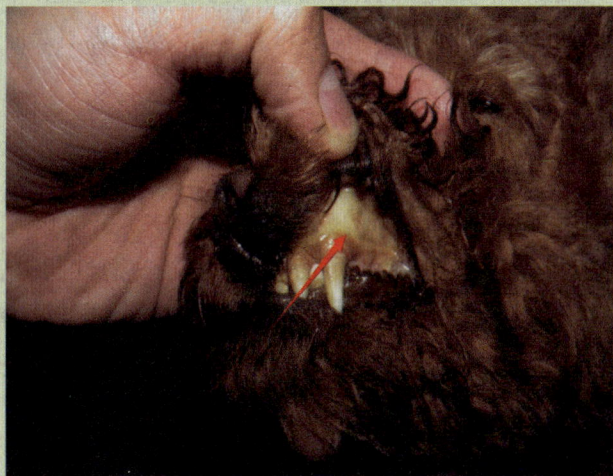

●箭头所指为钩端螺旋体病所引起的黏膜黄染

症状

犬主要表现为体温升高；精神不佳；结膜、皮肤、黏膜发黄；出血性素质即皮肤表面可看到瘀血点瘀血斑、粪便发黑、流鼻血、出血不易止住；呕吐腹泻、咳嗽呼吸困难有时也可见；临床检查提示有肝脏、肾脏疾病。

病因

病因为钩端螺旋体感染，钩端螺旋体是一种能运动的，可以感染人和动物的丝状螺旋菌。

处理方法

若出现上述症状应及时就诊，确诊后及时治疗，并防止感染其他动物和主人。钩端螺旋体通过尿液传播，主人应戴手套处理患犬的尿液、水、饲料等一切用品，同时用去污剂清洗和消毒被污染的器具表面。

治疗

大多数犬需输液治疗，初期可使用抗生素治疗急性期钩端螺旋体感染。及时治疗而产生适当抵抗力的动物通常都能存活，未接受治疗的动物，在患病后2～3周也可自行恢复但通常发展成为慢性肝炎、慢性肾病。

专家指导

该病为人畜共患病，应注意预防，现有疫苗可有效预防部分血型病原体的感染。

费用

犬钩端螺旋体病由于无特异性的病症而导致诊断费用较高，治疗时根据侵害的不同的器官症状而不同。

狂犬病

狂犬病又称恐水病，俗称疯狗病，是由狂犬病病毒引起的一种急性传染病。人和所有恒温动物对本病毒易感，是人畜共患病。一旦发病，死亡率接近100%。

症状

1.狂暴型：此型可分为前驱期、兴奋期和麻痹期，从最初发病到死亡一周左右。

前驱期：此期病犬精神不好，喜阴暗处，不愿接触人，强行牵引有攻击性，食欲减退，吞咽不畅

兴奋期：此期病犬，口水分泌增多，狂躁不安，具有攻击性或自残行为。

麻痹期：此时病犬意识模糊，不能站立或正常行走，大量流口水，恐水，最终因呼吸中枢麻痹或衰竭而导致死亡。

2.麻痹型：此型病犬常兴奋期很短或不明显即进入麻痹期，从最初发病到死亡常不超过5天。

病因

狂犬病是由狂犬病毒所引起的传染性疾病，狂犬病毒是一种特异的噬神经病毒。人和动物狂犬病的潜伏期因受伤个体不同、伤口位置不同而长短不一，一般在 1 周~3 个月，但也有时间更长者可达到半年甚至数年。

主要传播途径

1. 咬伤。
2. 被患病动物舔舐伤口（人类医学中称为舔伤）。
3. 食用患病动物。

处理方法

诊断患狂犬病的犬和经检疫检出的携带狂犬病病毒的犬按法律法规需要进行捕杀、焚烧或深埋。

专家指导

加强预防意识，建议所有犬应按时注射狂犬疫苗，宠物外出戴好牵引绳尽量避免流浪动物或其他动物发生咬架。狂犬疫苗作为国家相关法律规定强制免疫的疫苗，注射狂犬疫苗是办理犬证、通过机场安检尤其是出国检查的必查项目。

狗狗是"贪吃、知饿不知饱"的动物，对于这一点想必狗狗家长们都深有体会。作为占比消化系统疾病50%的消化不良病症，在狗狗的日常的生活中几乎是隔三岔五就来一次。伴随着精神及食欲不振、呕吐、腹胀等表现，也让一众的家长们为此感到十分揪心和头疼，面对犬病临床中常见的多发性疾病消化不良我们该怎么办呢？

吃喝
排泄疾病

由于食物团块或其他物体（小玩具，可吞入口中的小物件或毛巾等）停留于消化道内，不向后移动而引发消化道梗阻的疾病。

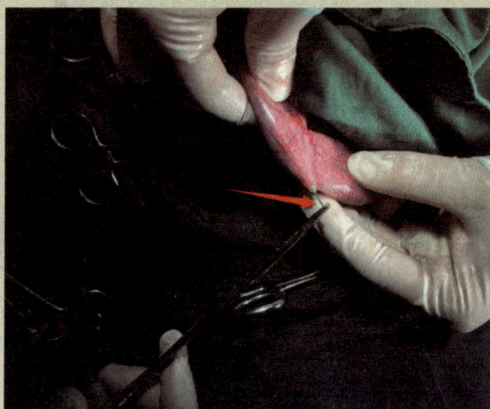

● 图为从肠管内取出针的过程

症状

食道异物：多在进食或玩耍过程中突然发生，大量流口水，有吞咽动作，不继续吃东西或吃的东西从口鼻反出，此为完全梗阻，也有部分梗阻情况，此时可食用液体食物或饮水，拒绝食用固体食物。

胃内异物：不爱吃东西，有时可能发生呕吐，尤其在采食固体食物时更明显，患病时间较长的动物逐渐消瘦，精神不好。

肠道异物：由于肠道比较长，不同位置的梗阻症状不尽相同，但大体上表现为，精神不好，按压腹部时比较抗拒，呕吐，部分会有腹泻的现象。

以上三种情况当中，若阻塞物梗阻时间较长，均可造成消化道破裂从而危及生命。

病因

食道异物：多为食物团块过大或者误食其他物体所致。

胃内异物：多为误食其他物体所致。

肠道异物：多为误食其他物体或大量寄生虫在肠道形成团块，阻塞肠管。

治疗

由于此病情况复杂，梗阻位置多变，梗阻物不定，故较难诊断，建议不要独自在家进行治疗，要送往当地正规宠物医院就诊。

🐾专家指导

合理饮食，不要过度节食，不要饲喂难以撕咬但可直接吞下的食物，玩具不宜过小，如发现有翻垃圾桶或者乱吃东西的习惯，应及时改正，如若出现不吃东西，呕吐，腹泻等表现时，应及时就医。

费用

由于此病发生位置以及取出异物难易程度不同，所以治疗方式也不同，费用相差非常悬殊，具体价格以当地正规宠物医院治疗价格为准。

吃喝排泄疾病

巨食管症 ✿

巨食管症是指食管扩张，食管运动消失。

症状

出现频繁的吃食后"呕吐"的现象，实质是食管内的食物反流，与呕吐的区别是没有恶心和干呕，只是单纯的食物反向流回嘴巴。

有时因为食物误入气管会出现咳嗽和肺炎。

病因

病因不清，分为先天性和后天性，先天性与特性品种有关，后天性病因包括神经肌肉疾病等。

处理方法

由于巨食管症与多种消化道疾病具有相似症状，应及时前往动物医院确诊，及早进行治疗。

治疗

给患畜饲喂流质食物并强迫狗站立进食是巨食管症有效的保守治疗方法。少食多餐、抬高饲槽位置有利于食物通过入胃。

患有后天性巨食管症的动物应针对引起食管扩张的因素进行治疗。

专家指导

及时对消化道造影是巨食管症确诊的关键一步。

费用

一般会有对消化道造影的费用，根据病因、病情不同，采用不同的治疗方式，如手术治疗、保守治疗，花费会有一定的差距。

肝衰竭

肝脏作为犬机体的重要器官之一，因其具有合成、解毒、代谢、分泌、生物转化以及免疫防御等功能。当受到多种因素（如病毒、酒精、药物等）造成肝细胞大量坏死时，上述功能发生严重障碍，进而出现以凝血机制障碍和黄疸、肝性脑病、腹水等为主要表现的一组临床症候群，称之为肝衰竭。

症状

精神不佳，有时虚弱到无法正常行走站立；严重消化道症状（食欲不振、呕吐）；皮肤黏膜（巩膜／白眼仁，牙龈）变黄；皮肤黏膜出血、鼻血、牙龈出血、便血、尿血，且难以控制出血；具体临床表现因肝衰竭的不同分类存在一定差异。

病因

造成肝衰竭的病因可以是单一因素，如感染某种肝炎病毒（犬传染性肝炎病毒）、酒精中毒、误食某种药物等，也可以是多种因素共同所致。比较常见的病因是中毒。除此之外，肝脏寄生虫，肝脏肿瘤也可以导致肝衰竭。

处理方法

如果肝脏疾病发展到衰竭的程度，绝对不容小视，即使是对于一个有经验的宠物医生来说也是一个棘手的问题。所以，如果发现上述症状，及时带到宠物医院就诊。

治疗

早诊断、早治疗，针对不同病因采取相应的综合治疗，并积极防治各种并发症，保证每日能量和液体供给、维持内环境稳定、动态监测肝功能、血生化、凝血项等变化，为肝细胞的再生赢得时间。

◦ 费用 ◦

治疗周期长，需按时进行各种指标检测，费用较高。

慢性肝炎

慢性肝炎是指由不同病因引起的，病程至少持续超过 6 个月以上的肝脏坏死或炎症，有伴随明显的临床症状，也有无明显临床症状，只存在肝生化检查异常。

症状

典型慢性肝炎的早期症状轻微且缺乏特异性，时好时坏，有时多年没有任何症状。最常见的就是容易疲劳和呕吐，这些症状容易被忽略，也容易被误认为是消化道疾病。依据症状不能判断出慢性肝炎的严重程度。

病因

慢性肝炎病因大体有以下几种因素：长期微量摄入具有肝毒性的物质（例如发霉的狗粮），不正确的应用与误食某些药物（例如激素、抗炎药物），还有心脏病的并发症，自身免疫系统疾病，肥胖，内分泌失调性疾病等。病因多样，可能单一也可能多种因素导致。

处理方法

携带幼犬定期去医院做体检，一般分为两个方面的检查：其一，肝脏的形态学检查（超声）；其二，肝脏的基本功能检查（血液生化）。

治疗

慢性肝炎的治疗包括多个方面：保肝治疗，抗纤维化治疗，注射干扰素抗病毒治疗等。针对不同的病因来选择相应的治疗手段。

专家指导

慢性肝炎是一类疾病的统称，病因不同，其临床特点、治疗方法以及预后结局可能有所不同，及时发现、及时治疗很重要。

◦ 费用 ◦

治疗周期长，费用较高。

吃喝排泄疾病

泌尿道感染

泌尿道感染是由各种病原体在泌尿系统异常繁殖所致的尿路急性或慢性炎症。

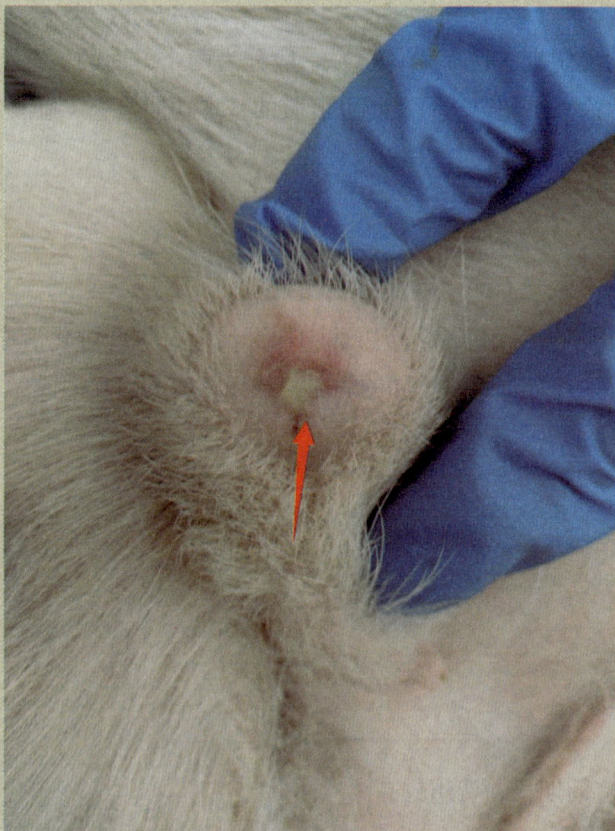

● 箭头处为泌尿道感染所导致的脓性分泌物

症状

尿路感染的临床表现多种多样，以尿频、尿急、尿痛和排尿困难多见，这些症状常常并存。尿频指排尿次数增加。尿急是指一有尿意即要排尿，常常出现尿失禁。排尿困难指做出排尿姿势但无法排尿，超过一天没有排尿就需要引起注意。有时还会出现血尿。

病因

致病菌 80% ~ 90% 是大肠杆菌，其他变形杆菌、产气杆菌、克雷白氏杆菌及副大肠杆菌以及病毒、支原体等均可引起尿路感染。

处理方法

尿路感染与饮食情绪及卫生状况均有一定的关系。对于动物接触的日常用品进行清洗消毒。增加水分的摄入。长期不排尿需要及时送诊。

治疗

治疗前进行详细的检查，并确定病原菌，使用相应敏感的抗生素进行治疗，止痛、使用导尿管和其他疗法的应用应视具体症状而定。

专家指导

泌尿道感染容易反复发作，主人应密切关注爱犬的排尿情况。

费用

单纯泌尿道感染治疗费用不高，但存在复发风险。

吃喝排泄疾病

犬尿石症

犬尿石症是指发生在犬尿道、膀胱、输尿管及肾脏结石的总称。其主要症状有尿道阻塞、尿闭、尿频、血尿等。

●箭头所指发亮的物质为尿道结石

症状

公犬多易发尿道阻塞，主要症状为排尿困难、排尿疼痛，尿液呈滴状或断续状流出，有时尿中带血。随着病情的严重，患犬出现腹胀，触摸腹部可感觉膀胱充盈、肿大。当尿道完全闭塞时，则发生尿闭、触摸肾区有疼痛反应。患犬频频排尿，却不见尿液排出。母犬患膀胱结石时，通常表现尿频、尿血，排尿后段尿液中带有鲜血，大的结石可使膀胱黏膜增厚，贮尿功能下降。发现爱犬长时间不排尿可导致膀胱破裂或尿毒症此时应尽快送往动物医院。

病因

该病发病的病因一般认为与日粮单调、日粮中含矿物质过高、饮水不充足、矿物质代谢紊乱、尿路感染以及性别有关。

处理方法

发现排尿异常应尽快就诊。对于病情较轻的患犬，日常护理可给与矿物质较少且富含维生素 A 的食物，并给增加饮水量用来稀释尿液和增加排尿量。若病情严重可考虑采用手术取出结石。

治疗

对于病情较轻的，可以进行保守治疗，投给利尿剂并对尿路进行冲洗，同时给予抗生素治疗，以防泌尿道感染。若药物排石效果甚微，需进行外科手术治疗。

专家指导

饲喂全价日粮，避免饲喂日粮营养单一、增加运动量、可增加犬的饮水量以促进排尿。保持爱犬情绪健康，曾患有尿石症的犬在更换新环境或寄养后需格外注意。

费用

对于轻度患病动物，犬尿道结石治疗价格不高。对于患病严重需要手术的动物花费较高。

输尿管异位症

输尿管异位是输尿管的先天性畸形，一侧或两侧输尿管不能正常的终止，导致部分或全部尿液避开了膀胱括约肌的制约直接流出。

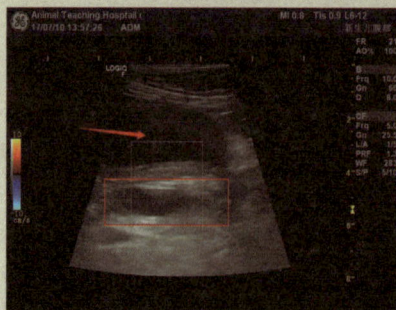

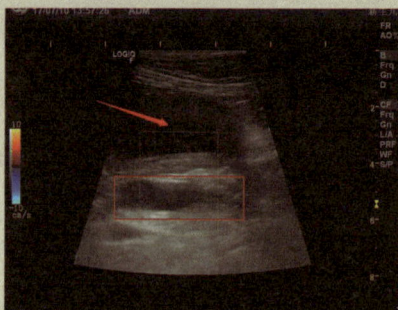

● 红色剪头为膀胱，红色方框内为下移至膀胱复侧的输尿管

症状

出生或断奶后出现间歇性或持续性尿失禁是输尿管异位常见的临床症状。但是有些患病动物通常无任何症状。

病因

其原因可能为胚胎期输尿管进入泌尿生殖道前发生了异常。

治疗

目前某些药物治疗有一定的治疗效果，但是对于输尿管异位最有效的治疗方法仍是利用输尿管异位整复术进行手术治疗。

费用

输尿管异位整复术在泌尿系统手术中属于难度较大的手术，花费较大。

吃喝排泄疾病

犬胰腺炎

犬胰腺炎是由胰酶消化自身组织引起的一种炎症。

● 红色方块内为 B 超下胰腺右叶

症状

胰腺炎可分为急性和慢性：

急性胰腺炎临床上表现为剧烈的呕吐，精神沉郁，拱背腹痛，呈现跪拜姿势爬卧，腹泻或排血便，喝水就吐，没有食欲。

慢性胰腺炎临床上表现为反复性的腹痛、排出恶臭脂肪便、持续性营养不良、消瘦等。

病因

引起犬胰腺炎的病因比较复杂，胆道疾病、高脂肪饲粮、过于肥胖、药物中毒、感染、胰管阻塞、外伤及局部缺血贫血、十二指肠内容物倒流，均可导致胰腺炎的发生，但最终导致胰腺炎是由于胰腺分泌的胰酶对自身的消化造成的。

处理方法

在患犬有上述症状时应给禁止喂食及时送往医院治疗。

治疗

保守治疗：应给予消炎药、止吐药、止痛药、抑制腺体分泌的药物。输液维持机体需要的营养和呕吐腹泻损失的体液。

手术治疗：根据不同病因，不适合保守治疗的应根据病情选择适当的时机给予手术治疗。

专家指导

在饮食上，饲粮营养搭配合理，不要喂过多的食盐，不要长期的饲喂高脂肪肉类食物，减少油脂的摄入，少食多餐，控制犬不要暴饮暴食，体重过胖的犬只适当减肥。急性胰腺炎引发的剧烈呕吐、腹泻可能有生命危险，应及时就诊。

费用

根据患犬的发病症状差异，所做检查、治疗方案不同，检查费用差异较大。

肾衰竭

由于各种原因导致肾脏的代谢功能发生障碍，导致其不能排除有毒物质及代谢产物和维持机体水分平衡则称作肾功能衰竭，又可称为肾衰竭。

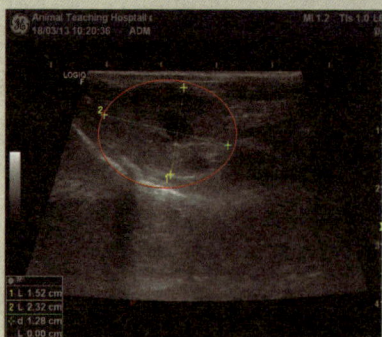

● 圆内为肾脏，形态大小由于肾功能衰竭而改变

症状

根据其发病缓急和病程长短分急性肾功能衰竭和慢性肾功能衰竭。

急性肾衰竭：突然发病，发病后临床症状一般为精神低迷、食欲衰退、呕吐、腹泻、脱水以及嗜睡，有时会表现出口臭或者口腔溃疡。有时也会存在少尿或无尿症状。

慢性肾衰竭：体重减轻；毛干燥无光泽；口腔有异味，黏膜干燥、苍白；脱水且皮肤失去弹性；多饮多尿；呕吐，腹泻，出血性胃肠炎（多见于尿毒症）；嗜睡，无力，反应迟钝。

病因

中毒、肿瘤、肾脏炎症等各种肾病均可引起肾衰。

处理方法

关注患犬身体状态，老年犬应尤其重视，出现症状时不要擅自给患犬服药，应及时送到医院咨询兽医。

治疗

犬急性肾衰治疗多采取及时长时间的输液调节水、离子平衡，酸碱平衡，利尿，控制血压等。

犬的慢性肾功能衰竭常是不可逆的，治疗以控制病情的持续发展、恢复肾脏的代谢功能、延长患病犬的生命为目的。治疗引起肾衰竭的根源性疾病，应补充能量，输液以保持机体体液的平衡。

犬做好日常生活的驱虫及防疫；饲喂营养均衡的全价日粮；注意日常饮水及排便习惯的养成，避免长时间憋尿；老年犬应每半年或一年进行一次体检，做到防重于治；谨慎对待一切对犬肾脏有毒性的物质。

◦ 费用 ◦

根据动物的发病程度不同，检查、治疗费用在一千元至几万元。

犬球虫病 ❄

犬球虫病是由等孢球虫寄生于犬小肠和大肠黏膜上皮造成的一种消化系统疾病。

● 箭头所指为粪便中的球虫卵

症状

急性病例会排出稀软混有血液和黏液的粪便，且很快消瘦，黏膜苍白，继发感染时有微热，有的出现呕吐症状。患病幼犬因抵抗力弱，导致极度衰竭而死亡，成年犬因抵抗力强，经过一段时间可自然康复。

病因

该病的病因主要为犬等孢球虫，各种品种的犬都易感染，但成年犬主要是带虫者，他们是传染源头。犬球虫病主要发生于幼龄动物。主要感染途径是食品和水。

处理方法

当慢性感染发生时，感染3周后，临床症状逐渐消失，大多数可自然康复。若急性病例，排出的粪便会混有血液和黏液，并混有脱落的肠黏膜上皮（白色膜状物），应送往动物医院就诊。

治疗

治疗前应准确鉴别寄生虫，并针对寄生虫使用相应的驱虫药物，遵从医嘱；对于严重脱水的犬，要及时进行补液，贫血严重的也要进行输血治疗。

专家指导

建议严格保持犬舍干燥、卫生。动物所使用的用具经常清洗，并定期对动物所处环境进行消毒。按时使用体内驱虫药。

费用

慢性感染病例费用不高，急性感染或者发生继发感染情况时费用会增加，视感染严重程度而定。

贾第虫病

贾第虫病是由贾第虫寄生于肠内以腹泻为主要症状的一种人兽共患寄生虫病。

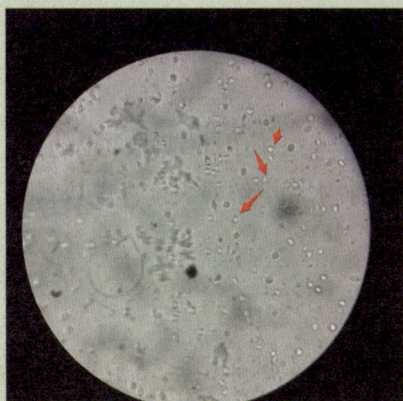

●箭头所指为贾第虫虫卵

症状

虽然犬贾第虫病在犬中发病的频率比较高，但是明显临床症状却很少见，多为无症状的隐性感染。犬多见于 1 岁龄以内的幼犬，严重时表现为精神不振、生长迟缓、腹泻、消瘦、粪便带有黏液和血液。

病因

> 该病病因是贾第虫，最常见的传播方式多见于动物与动物，动物与人之间的亲密接触。

处理方法

> 当慢性感染发生时，可吃一些驱虫药。当急性感染发生时，应送往动物医院就诊。

治疗

> 治疗前应准确鉴别寄生虫，并针对寄生虫使用相应的驱虫药物，同时要进行对症治疗，特别是要及时纠正脱水和电解质失衡，遵从医嘱。

专家指导

家养宠物一定要检查各种人畜共患病。现在已经有贾第虫疫苗用于预防该病。

费用

单纯犬贾第虫病费用不高，严重感染或者发生继发症状情况时费用会增加，视感染严重程度而定。

阿米巴虫病 ✚

阿米巴虫病是由阿米巴虫引起的一种以持续性腹泻或下痢为特征的人畜共患原虫病。

吃喝排泄疾病

症状

犬阿米巴虫病一般情况下无明显症状。部分慢性型会表现出轻微腹痛、腹胀以及腹泻等症状。若感染呈急性，典型症状为持续性腹泻、粪便中带有血液或黏液。若出现急性出血性结肠炎，很可能导致患犬死亡。

病因

犬因食入被污染的食物或饮水而感染阿米巴虫病。

处理方法

当轻度感染发生时，可吃一些驱虫药。当中重度感染发生时，应及时送往宠物医院就诊。

治疗

治疗前应准确鉴别寄生虫，并针对寄生虫使用相应的驱虫药物。对症治疗以及支持疗法是重要的。谨遵医嘱。

专家指导

搞好犬以及其生存环境的卫生，注意饮食卫生，提高抵抗力，特别注意灭鼠、灭蝇和灭蟑螂等。

费用

单纯犬阿米巴虫病费用并不高，中重度感染及其他继发性症状发生时，治疗价格视具体情况而定。

犬绦虫病

犬绦虫病是由多种绦虫寄生于犬小肠而引起的一种常见寄生虫病。

● 箭头所指为带状绦虫虫卵

症状

轻度感染绦虫病一般无症状。重度感染时，出现腹泻、腹痛、贫血、消瘦等症状。当在肠管逆蠕动的虫体进入胃时，犬呕吐时虫体可随呕吐物一起吐出。粪便中可见到大量虫体脱落的节片。虫体成团时，会堵塞肠管，造成肠梗阻、套叠、扭转、甚至是破裂。有些犬会出现肛门瘙痒或疼痛发炎症状。

病因

犬因食入被污染的食物所致，多见于饲喂加工不完善食物的犬。

处理方法

当轻度感染发生时，可吃一些驱虫药。当严重感染发生时，应送往动物医院就诊。

治疗

治疗前应准确鉴别寄生虫，并针对寄生虫使用相应的驱虫药物。对症治疗以及支持疗法最重要的。

专家指导

犬应定期驱虫，特别是饲喂自制狗粮、生活环境较差的犬。切勿饲喂生肉、生鱼，特别禁止饲喂被感染的动物内脏。如需饲喂，必须高温煮熟。搞好环境卫生，保持犬舍干燥，杀灭跳蚤、毛虱等。

费用

单纯犬绦虫病费用并不高，严重感染及其他继发性症状发生时，治疗价格视具体情况而定。

犬钩虫病

犬钩虫病是由钩虫寄生于犬小肠引起的以贫血、消化紊乱和营养不良为主要症状的寄生虫病。

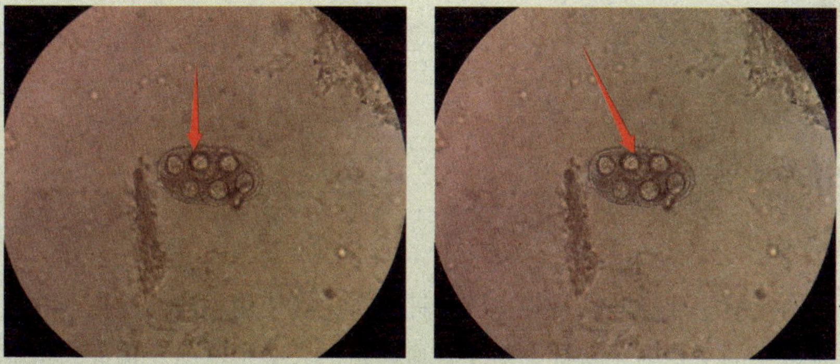

●箭头所指为钩虫卵

症状

成年犬感染少量虫体时，由于机体免疫功能较强，一般只会出现轻度贫血、营养不良和呕吐腹泻等症状，或者无任何症状。若犬钩虫急性感染发生，会造成犬消瘦、衰弱、贫血、结膜苍白、排出带有腐臭气味黏液性血便，呈柏油状，经皮肤感染的会发生皮炎。

病因

病原种类较多,感染犬的钩虫有犬钩虫、巴西钩虫、锡兰钩虫和狭头钩虫,最常见的是犬钩虫和狭头钩虫。犬经常通过与患犬接触、食入被污染的食物而感染,该病全国各地都有发生。

处理方法

常见驱虫药一般可以治疗,但急性感染发生时,应送往动物医院就诊。

治疗

治疗前应准确鉴别寄生虫,并针对寄生虫使用相应的驱虫药物。贫血是该病的主要临床特征,对于贫血严重的犬必须输血、输液,待症状缓和后再驱虫。遵从医嘱。

专家指导

本病的预防主要是防止钩虫虫卵污染环境,应定期为犬进行驱虫工作。粪便以及生活垃圾及时清扫。犬钩虫病易发生于夏季,应经常保持犬舍的卫生,定期消毒,保持干燥。

费用

单纯犬钩虫病费用并不高,急性感染若造成犬贫血严重或其他继发性症状,治疗价格视具体情况而定。

肛囊腺位于肛门的两侧，在皮肤上有开口。肛囊炎由于炎症、感染或外分泌导管阻塞导致的肛门分泌物异常堆积。

肛囊炎 ✳

症状

肛门疼痛、红肿。犬表现为舔肛门，在地上和墙壁上磨蹭肛门，排便困难。肛门腺内分泌物恶臭。

病因

小型犬多发，当肛门腺的开口发生阻塞或肛门腺发生细菌感染会导致肛囊炎。慢性腹泻、肥胖、饲喂过多高脂肪的食物常会导致肛囊炎。

处理方法

按时挤肛囊腺，保证犬肛门的清洁。

治疗

抗生素治疗，排除肛囊腺内的分泌物。降低食物中肉和脂肪的比例。若炎症严重难以消炎愈合可以考虑手术摘除肛囊腺。

🐾 专家指导

加强日常护理，按时清理肛囊腺。

费用　价格较低，如手术费用增加。

吃喝排泄疾病

肛周瘘

肛门周围由于化脓性感染造成一个与外界相通的瘘管。

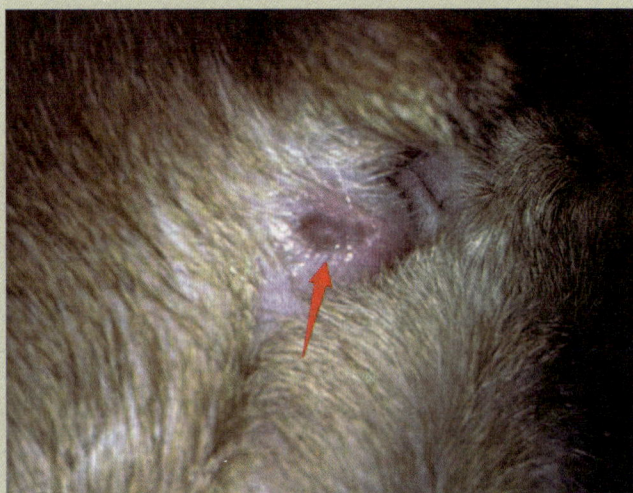

● 箭头处为肛周瘘

症状

德国牧羊犬较常见此病。肛门周围有一个或多个瘘管，狗狗表现为排便疼痛弓背。有时看不到明显的瘘管，但可摸到部分直肠肿大。

病因

肛囊炎严重导致组织破溃造成瘘管也可能由免疫系统导致。

处理方法

及时就诊进行外科处理。

治疗

外科清理瘘管，保持清洁，防止感染并促进伤口愈合。多数情况可以治愈，严重时也可以考虑手术。

🐾**专家指导**

加强日常护理，按时清理肛囊腺，饲喂低过敏性食物。

(费用)

价格不高，但如手术费用增加。

吃喝排泄疾病

肠套叠

某一段肠伸入相邻肠内，可发生于任何部位但回肠结肠套叠最为常见。

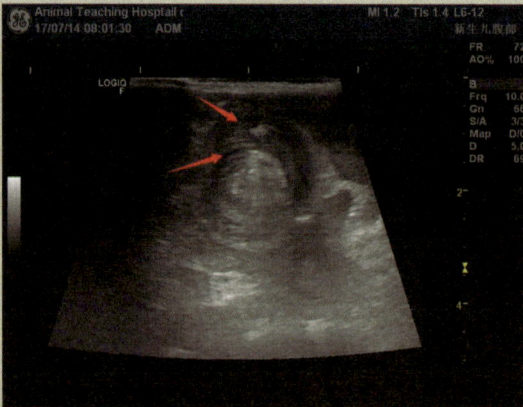

● 上图箭头处为 B 超下肠管套叠的两层

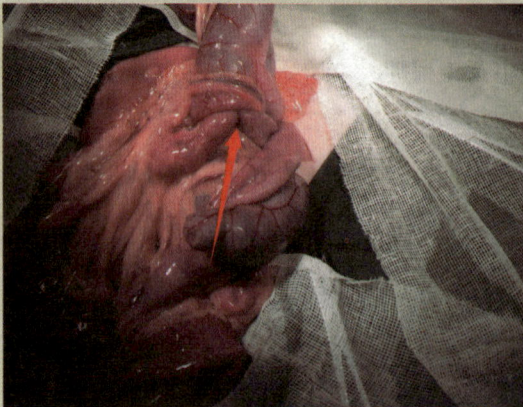

● 下图箭头所指管套叠症状

症状

幼龄犬易发。症状有血便、呕吐、剧烈的腹痛，狗狗表现为不愿让人触碰。

病因

肠道运动异常所致，常与急性肠炎有关，急性肠炎通常破坏肠道的正常运动，从而使较小的回肠伸入较大的结肠中，临床上通常继发于细小病毒感染。

处理方法

及时就诊，确诊肠管套叠的部位确定手术方案。

治疗

必须进行手术治疗。且越早进行越好，肠管套叠时间增长会增加肠坏死的概率。

○ 费用 ○

手术费用较高。

吃喝排泄疾病

排尿疼痛 ✽

症状

排尿频率增加，排尿困难并伴有痛感。

病因

膀胱炎、膀胱结石、膀胱括约肌痉挛、尿道炎、尿道阻塞、阴道炎、前列腺炎等都会引起排尿疼痛。

处理方法

发现犬出现排尿困难时，及时就医。

治疗

因为导致排尿疼痛有很多原因，应该找到病因，进行对症治疗。

🐾专家指导

合理饮食，保持生活环境干净整洁。

⊙ 费用 ⊙

视疾病产生的原因以及严重程度而定。

排尿异常包括尿频、尿淋漓、尿失禁、尿闭等。

症状

尿频表现为排尿次数增多，每次排尿量不多。尿淋漓表现为排尿不畅，尿液呈点滴状。尿失禁表现为狗狗未采取排尿姿势，但尿液流出。尿闭表现为尿液在尿路积滞充盈，不能排出。

病因

肾炎、膀胱结石、尿道炎、腰间部脊髓损伤、尿路阻塞等都会引起排尿异常。

处理方法

如若发现狗狗有排尿异常，应及时就医。

治疗

消除病因，控制感染，维持内环境平衡，对症治疗。

专家指导

合理饲喂。

费用　视疾病原因以及程度而定。

吃喝排泄疾病

尿液颜色异常

尿液颜色异常是指尿液出现与正常尿液不同颜色的现象，例如红色、棕黄色、蓝色、黑色以及尿液浑浊等现象。

症状

尿液呈现黄色、红色、棕黄色、蓝色、黑色、尿液浑浊等。

病因

泌尿器官出血、溶血性疾病等导致红尿。脱水及应用维生素 B_2 等药物时呈黄色。肝实质性黄疸、阻塞性黄疸尿液呈棕黄色或黄绿色。美蓝等药物使尿液呈蓝色。使用松馏油会使尿液呈黑色。尿液中有炎性产物时呈浑浊现象。

处理方法

发现尿液异常时及时就医。

治疗

找到病因，对症治疗。

○ 费用 ○

视导致尿液颜色改变的病因决定。

红色尿

> 红色尿是指尿液呈红色。主要包括血尿、血红蛋白尿、肌红蛋白尿、卟啉尿和药红尿。

症状

尿液呈红色，血尿，尿液中混有多量红细胞，浑浊，震荡云雾状，静止有红色沉淀，镜检有大量红细胞。血红蛋白尿，澄清透明，静止无沉淀，偶有红细胞，临床上多伴有可视黏膜程度不等的黄疸和苍白。肌红蛋白尿，尿液中含有多量肌红蛋白，卟啉尿，尿液中含多量卟啉衍生物。药红尿，因药物颜色而染红的尿液。

病因

泌尿器官出血、溶血性疾病、肌乳酸蓄积病、用药等会导致排红色尿。

处理方法

如是用药导致的，可以考虑停止用药，如若其他原因导致应及时就医。

治疗

排尿初期出现红尿，表现为尿道出血，排尿后期出现红尿，表现为膀胱少量出血，全程出血，表现为肾脏（输尿管）出血、膀胱大出血。根据病因，对症治疗。

（ ○ 费用 ○ ）
视导致尿液颜色改变的病因决定。

吃喝排泄疾病

血液中游离血红蛋白增多，超过肾阈值且超过肾小管重吸收能力，使尿中含有游离血红蛋白，可呈浓茶色、褐色、酱油色等。

褐色尿

症状

尿液呈褐色，血红蛋白尿外观清亮不浑浊，放置后管底不出现红细胞沉淀，镜检无红细胞或极少红细胞，联苯胺试验呈阳性反应。血红蛋白尿常是血管内急性溶血的外在表现，临床上多伴有可视黏膜程度不等的黄疸和苍白。

病因

溶血性疾病。

处理方法

如若发现，及时就医。

治疗

前往动物医院接受专业治疗。

费用

视疾病严重程度而定。

犬鞭虫病

犬鞭虫病是毛首鞭形线虫寄生于犬的大肠（主要是盲肠）引起的一种寄生虫病。

症状

轻度感染症状不明显，中度感染排出带有血丝或水样血色便并带有黏液。严重时，食欲减退，精神萎靡，甚至死亡。

病因

鞭虫寄生于犬的大肠（主要是盲肠）而引起的寄生虫病。

处理方法

发现异常时，如不清楚，找医生诊断，购买驱虫药。

治疗

轻者使用驱虫药，严重者输液，消炎，止血。

专家指导

及时对犬进行驱虫，其居住环境保持干净。

费用

轻者只需要购买驱虫药，价格不贵。

吃喝排泄疾病

犬蛔虫病

犬蛔虫病是由犬蛔虫和狮蛔虫寄生于小肠内引起的线虫病。

症状

轻度感染无明显临床症状。表现为腹部膨大，被毛粗乱，精神沉郁，偶见拉稀，在呕吐物和粪便中排出虫体。重度感染时，可引起咳嗽，呼吸节律增加，鼻孔排泡沫状分泌物。

病因

经口或胎盘感染。

处理方法

发现异常时，找医生诊断，购买驱虫药。

治疗

使用驱虫药。

专家指导

及时对犬进行驱虫，其居住环境保持干净。

费用

轻者只需要购买驱虫药，价格不贵。

和我们人类一样，有越来越多的狗狗患有肥胖、糖尿病及心血管疾病，除了先天性遗传及年纪增长影响，主要的原因都是来自于饲主长期营养照顾的失衡，譬如喂食的饲料、零食或肉类脂肪含量太高，造成体内脂肪堆积过高，但是又太少让它们维持良好的运动习惯，使得能量的摄取与消耗失去平衡。

很多狗狗在迈入老年之后，老年性的疾病就出现了，这时候，心血管疾病就是一个很明显的特征。

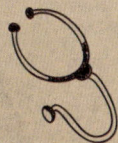

心血管疾病

二尖瓣关闭不全

正常的二尖瓣关闭功能取决于瓣叶、瓣环、腱索、乳头肌、左心室五部分，这五部分中的任一部分发生结构和功能的异常均可引起二尖瓣关闭不全。

症状

急性二尖瓣关闭不全，轻度逆流，仅有轻微呼吸困难；重度逆流，很快出现急性左心衰，甚至心源性休克。轻度二尖瓣关闭不全可长期没有症状。当左心功能下降时，病畜出现乏力、胸痛、呼吸困难等因心脏排血量减少导致的症状。随后病情加重，甚至急性肺水肿，最后导致肺动脉高压，右心衰。

病因

病因有病毒感染、细菌性心内膜炎继发和遗传学说，目前多认为与遗传基因有关。

处理方法

二尖瓣关闭不全适当增添富含蛋白质的食物，应减少内脏类、海鲜等，以有利于机体的修复。

治疗

药物治疗：急性二尖瓣关闭不全治疗目标为恢复正向血流、减轻肺部瘀血。慢性二尖瓣关闭不全根据临床症状酌情给予促进排尿、扩张血管、强心治疗。手术治疗：临床症状、左心室大小及左心功能是考虑是否手术的决定因素。

专家指导

应注意鉴别，二尖瓣关闭不全、室间隔缺损、主动脉狭窄均可出现收缩期杂音，超声心动图是诊断和评估二尖瓣关闭不全极为精确的无创检查方法。

费用

二尖瓣关闭不全手术难度大，治疗费用一般上万元，药物治疗费用一般低于手术费用。

动脉导管未闭

动脉导管原本系胎儿时期肺动脉与主动脉间的正常血流通道，出生后，不久导管因废用即自选闭合，如持续不闭合则形成动脉导管未闭。

症状

动脉导管未闭轻者可无明显症状，重者可发生心力衰竭。

病因

遗传是主要的内因。在胎儿期任何影响心脏胚胎发育的因素均可能造成心脏畸形，如孕畜患腮腺炎、糖尿病等，孕畜接触放射线，孕畜服用抗癌药物等。

处理方法

发现疑似动脉导管未闭的症状，应送往宠物医院对狗狗心脏进行超声检查，由宠物医师提出适合病情的专业治疗意见，切勿私自用药。

治疗

不一定需要治疗的动脉导管未闭：对于超声测量直径在2毫米以下、听诊杂音不明显的动脉导管未闭，提示分流量很小，不会对患畜产生不利影响。

药物关闭动脉导管未闭：一般适用于早产动脉导管未闭，可选择的药物有消炎镇痛类药物如消炎痛、布洛芬等，早期使用效果比较好。

手术治疗：适用于所有类型动脉导管未。缺点是仍有一定创伤性。

专家指导

动脉导管未闭是先天性心脏病中很常见的，一旦确诊很少有自然愈合的概率，需要考虑治疗。

费用

根据动脉导管未闭的程度，采取不同的治疗方法，治疗费用从几十元到上万元。

心血管疾病

心律不齐

犬心律不齐是指心律不规则，与正常窦性节律相比，每次心搏的时间间隔不尽相同。

症状

犬心律不齐一般无明显临床表现，但可能有原发病的临床症状出现。

病因

胃肠道、呼吸系统、神经系统等病变导致的迷走神经兴奋性增强，继发性产生心律不齐。

处理方法

犬的心律不齐一般无临床表现，在原发病严重后临床表现会根据原发病不同而表现各异，主人应密切关注及时就医。

治疗

犬的心律不齐无须治疗，但应积极治疗其原发病，消除病因，达到缓解、治疗心律不齐的目的。

专家指导

对犬的健康状态给予关注，定期注射疫苗，保持环境卫生，饮食合理，经常运动防止疾病发生。

费用

根据患犬原发病不同，所做检查、治疗方案不同，检查费用差异较大。

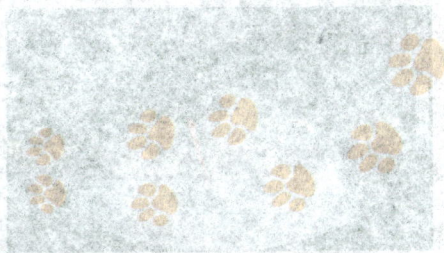

心包积液

心包积液是指心包中有大量液体蓄积，由于液体来源不同可分为渗出性、漏出性以及出血性等。

● 红箭头所指黑色区域为心包中的液体，蓝色箭头所指为被液体压迫的心脏

症状

患犬表现为呼吸困难（危重），容易疲劳，不喜欢运动。

病因

常见有充血性心力衰竭、寄生虫感染、贫血、心脏肿瘤、血管肉瘤以及心包炎等。

治疗方式

针对积液可以通过穿刺方法排除，对于出血性心包积液可以进行外科手术去除血凝块，可以缓解症状，但通常为症状缓解方法，多数可复发；治疗原发病，才可有效治疗心包积液。

专家指导

心包穿刺有一定风险，应慎重选择，并选择正规宠物医院诊治，加强饲养管理，预防心包积液的原发病因。

费用

心包积液原发病种类多样且复杂，治疗方式不一，故价格不定。心包穿刺仅此一项在 100 元左右，其余项目另算。

心血管疾病

心力衰竭

心力衰竭并不是个疾病，而是为许多疾病过程中都可发生的一种综合征，并非独立的疾病，常有心脏收缩力减弱，心脏输出血量不能满足机体需要而导致的一系列全身功能、代谢障碍。当出现组织、器官血液灌注不足，同时出现肺循环和或体循环瘀血，是各种心脏病发展到严重阶段的临床综合征，称为充血性心力衰竭。

症状

1.急性心力衰竭：突然痉挛抽搐，神志不清，呼吸困难，静脉怒张，鼻孔有泡沫样鼻涕。

2.慢性心力衰竭：病程较长，可达数月至数年，精神萎靡，不喜运动，运动后呼吸困难，静脉怒张，四肢脚掌常有水肿。

3.左心衰竭：呼吸加快，呼吸困难并且会有咳嗽伴发。

4.右心衰竭：尿液生成减少，全身出现水肿现象等。

病因

任何原因的心肌收缩力减弱都会导致心脏输出血量不足，形成心力衰竭，常见病因如下：

1.心脏负荷过重：常见于心脏瓣关闭不全，先天性动脉导管未闭合，肺循环动脉高压等。

2.心肌血液供应不足。

3.心肌功能障碍。

4.病毒、寄生虫、细菌等引起的心肌炎。

5.过度刺激。

6.微量元素缺乏等。

治疗

慢性心力衰竭应减轻心脏负荷，增强心脏收缩力，改善心脏功能，改善缺氧并且对症治疗。

若为急性心力衰竭应立刻就近抢救，之后再如慢性心力衰竭一样减轻心脏负荷，增强心脏功能；由于病因的复杂型，以及种类的多样性，故此治疗方式与药物也不尽相同，以当地兽医师处方为准。

专家指导

该病后期应加强饲养管理，注意饮食，并且根据执业兽医师所提建议进行后期照顾与治疗。

费用

心脏疾病多数需长期治疗并且维持，且病因不同治疗方式不同，故此价格无法具体估算。

心血管疾病

犬心丝虫病

犬心丝虫病，又称犬恶丝虫病、犬血丝虫病，是由犬心丝虫成虫寄生于犬的右心室及肺动脉（少数见于胸腔、支气管），引起循环障碍、呼吸困难、贫血等症状的一种丝虫病。

症状

最早出现的症状是慢性咳嗽，但无上呼吸道感染的其他症状，运动时加重，或运动时病犬易疲劳。随着病情的加重，病犬会出现心悸亢进、脉细弱并有间歇、心内有杂音。肝区触诊疼痛，肝大。胸、腹腔积水，全身浮肿，呼吸困难。末期，由于衰弱或运动时虚脱致死。病犬常伴发结节性皮肤病，以瘙痒和倾向破溃的多发性灶状结节为特征。

病因

犬心丝虫病完成生活史需要犬蚤、按蚊、库蚊作为中间宿主。犬心丝虫早熟的活动胚胎称为微丝蚴。当犬被微丝蚴阳性蚊子叮咬时，即微丝蚴从口器中逸出侵入犬体内使犬感染。

处理方法

当情况较轻时，可服用相应的驱虫药进行处理。当犬感染情况较重时，应立即送往宠物医院进行就诊。

治疗

治疗前应准确鉴别寄生虫种类，并针对寄生虫使用相应的驱虫药物，遵从医嘱；对于情况严重的病犬，应进行对症治疗。

专家指导

定期驱虫，特别是在蚊子繁殖季节（5～10月），采用连续给药和间隔给药法，以杀死侵入犬体内尚未发育成熟的第三期幼虫，常选用的药物为乙胺嗪（海群生）、盐酸左旋咪唑等。搞好环境卫生，消灭蚊虫。防止与野犬、猫或者已经感染的犬猫进行接触。

费用

感染情况较轻的病犬治疗费用不高，感染情况严重或者发生继发感染情况时治疗费用会增加，费用视感染严重程度而定。

心血管疾病

犬扩张型心肌病

犬扩张型心肌病是一种病因不明导致的心脏收缩功能和舒张功能均有异常的心脏疾病。

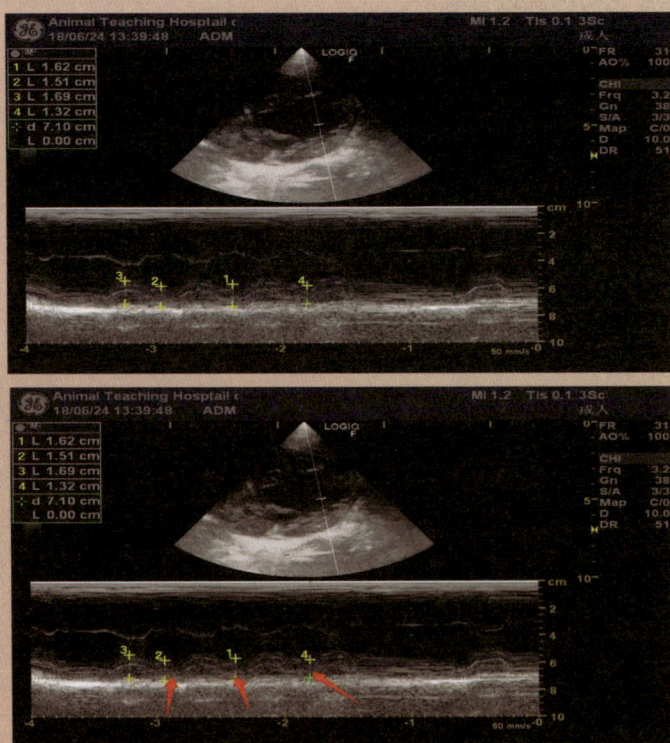

● 箭头所指为心脏舒张期的心肌厚度

症状

犬扩张型心肌病可分外3期，其中1期和2期分别为藏匿期和临床前期，均无明显临床症状。3期为临床期，出现临床症状为虚弱、运动不耐受、咳嗽、腹围增加、呼吸短促、呼吸困难、晕厥、猝死、四肢水肿、颈静脉怒张。

病因

犬扩张型心肌病病因不明确，可能导致的致病因素包括：基因遗传、神经刺激作用、病毒感染或因饮食缺乏左旋肉碱、牛磺酸或镁等。

处理方法

若怀疑犬出现扩张型心肌病，应送往宠物医院进行就诊。

治疗

以缓解心功能不全和对症治疗为原则，遵从医嘱。

专家指导

犬因犬种不同可能会因为遗传而患上扩张型心肌病。德国牧羊犬等大型或超大型犬容易患这种疾病，通常在4~10岁之间发作，并且雄性患病率明显高于雌性。应注意犬饮食营养均衡。

费用 该病费用视情况而定。

肥厚型心肌病

犬肥厚型心肌病是一种病因不明导致的心脏收缩功能和舒张功能均有异常的心脏疾病。

症状

犬肥厚型心肌病临床表现为易疲劳、嗜睡、食欲不振、渐进性消瘦、咳嗽、呼吸困难，有的出现腹水、四肢浮肿等现象。有的也会出现后肢运动麻痹症状。

病因

原发性肥厚型心肌病被认为是常染色体显性遗传疾病，肌球蛋白和肌节收缩蛋白基因突变为主要致病因素。

处理方法

若怀疑犬出现肥厚型心肌病，应送往宠物医院进行就诊。

治疗

以缓解心功能不全和对症治疗为原则，遵从医嘱。

专家指导

确诊为肥厚型心肌病的犬应积极配合医生治疗，改善机体情况，提高心功能，改善舒张期充盈，控制心律失常和防止突然死亡。

费用

该病费用视情况而定。

心血管疾病

运动系统
疾病

狗狗在玩耍、追逐、嬉闹的过程中，很容易造成运动系统方面的损伤。

除了运动，还有一些骨骼方面的疾病是由先天发育不良所导致的。

犬全骨炎

犬全骨炎是一种四肢长骨发炎引起跛行的疾病。

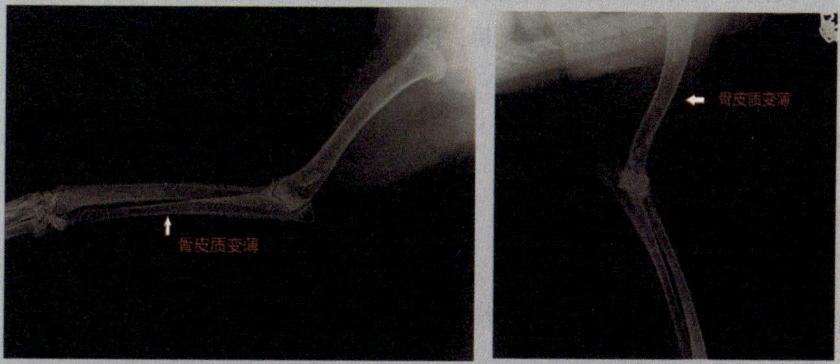

● 图中箭头所指为趾皮质变薄处

症状

病犬临床表现为急性周期性单肢或多肢轮换跛行，但没有受过外伤。病犬体温正常，大小便正常，经常发出不舒服的叫声，食欲降低，不爱运动，按压发病骨头时会疼痛闪躲。跛行数天内消退，但间隔一段时间还会出现。随着年龄增长症状的严重程度变轻，间隔时间延长。

运动系统疾病

病因

该病病因尚不明确，根据发病概率分析，可能与遗传因素和激素过剩有关。

处理方法

关注患犬身体状态，出现症状时不要擅自给患犬服药，多种疾病均可引起跛行，主人不能自行判断，应及时送到宠物医院咨询兽医。

治疗

该病无针对性的治疗方法，在疼痛和跛行发作期间，可采取止痛、消炎治疗，减少运动，直至病情减轻或痊愈。

专家指导

做好狗狗日常生活的驱虫及防疫；饲喂营养均衡的全价日粮；该病是一种自发自限性疾病，多数病例会在半年或一年内痊愈。

费用

根据动物的发病情况，可以不做治疗或进行抗感染治疗，价格几百元至数千元。

髌骨脱位

髌骨脱位指髌骨在活动过程中脱出滑车沟。

● 红色圆圈内为脱出的髌骨

运动系统疾病

症状

膝关节外观没有明显变化，主动伸膝无力，伴有膝关节屈肌挛缩，患犬跳跃行走，跛行，出现中度或严重的弓形腿，胫骨扭转。髌骨呈脱位状态，能人为恢复到滑车内，但是松手后脱位，严重者膝关节不能伸展，后肢爬行。

病因

常发生于小型犬，有髌内方脱位和髌外方脱位两种。髌内方脱位常为先天性的，自身解剖结构的异常，韧带松弛、膝外翻、胫股关节旋转变位等，常发生于一侧。外方脱位多由于外伤所致，多见于大型品种犬，一般为两侧性。

处理方法

减少患犬的运动，及时就诊。三级以上髌骨脱位需要手术治疗，手术方法有多种，根据具体情况而定。

专家指导

合理安排日粮，减轻动物负重，尽量避免外界伤害。

费用

视严重程度及手术方法而定。一般比较贵，几千至上万元。

骨 折

骨折是指骨结构的完整性和连续性受到外力作用完全或部分断裂。

●红色箭头所指为骨骼断裂处

症状

患犬出现异常活动，患肢弯曲、旋转、变形，骨折两端移位，患肢呈短缩、弯曲、延长等异常姿势。在骨折断端有摩擦音，出血、肿胀、疼痛等症状。严重时病犬全身症状明显，拒食，有时体温升高。

病因

常发生于四肢骨，外伤引起较多，由于直接暴力、间接暴力作用或强烈的肌肉牵引引起。病理性骨折由骨髓炎、佝偻病、骨软病等引起。

处理方法

减少患犬运动，及时就医。

治疗

进行复位，将骨折端恢复正常或接近正常，对骨折处进行固定，外固定或内固定。进行全身疗法，促进骨的生长，防止继发感染，促进骨折愈合，进行功能锻炼。

专家指导

合理安排日粮，补充所需营养物质，不要带狗狗去不安全的场所，带狗狗外出时要细心照料。

费用

视严重程度而定，如内固定费用比外固定高。以骨折部位及所用接骨板材质而定，花费一般比较高。

髋关节发育异常是髋关节的异常发育,其特征是青年犬关节的亚脱位和完全脱位,老年犬的退行性关节病。

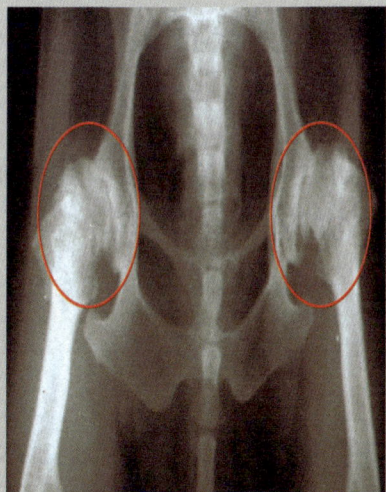

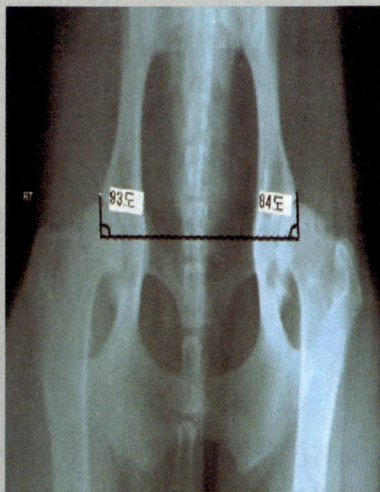

●图为髋关节发育不良所致的关节增生 ●图为处于亚脱位的髋关节

症状

髋关节发育异常在大型犬发生率较高,病史和临床特征随年龄的变化而变化。5 ~ 10月龄的狗狗和有慢性退行性关节病的狗狗易发。

青年犬的症状包括休息后起立困难,不愿运动,间歇性或持续性跛行。成年后,会再表现出髋关节疼痛的症状。发生进行性退行性关节病后会导致起立困难,运动后跛行,骨盆肌肉萎缩,后躯摇摆步态。再增加活动后出现突然性的跛行。

运动系统疾病

病因

髋关节发育异常是多因素疾病，在骨和软组织发育异常过程中有遗传和环境两方面因素。过食导致骨和软骨的发育速度小于体重增长的速度。再一因素是滑膜炎，诱因是温和的、反复的损伤，例如急停、急扭、跌倒，虽然损伤不大，但是反复刺激，也会导致该病。关节面接触持续减小，导致关节软骨早期磨损，暴露软骨下疼痛纤维，引起跛行。

处理方法

去宠物医院确定疾病的发展程度，制定具体的治疗方案。在狗狗活动区域铺地毯，避免狗狗活动时摔倒。肥胖的狗狗需要减肥。

治疗

症状严重者需要进行手术（股骨头摘除术或者全髋置换），症状较轻者需要长期服用关节保养品（硫酸软骨素）。

专家指导

给肥胖狗狗减肥，家里铺地毯，服用硫酸软骨素，三者较为关键。体重越小的狗狗治愈率越高。

费用

实施股骨头摘除术，费用在一万元左右，全髋置换价格高昂。关节保养品根据狗狗体重而定，体重越大费用相对越高。

许多特殊疾病被认为是先天性肘关节发育不良的表现。这类疾病（如冠状突骨折，骨软骨炎，肘突未联合，关节软骨急性和关节不对称）可引起肘关节病，这些疾病发展的特性表明有一定遗传性。

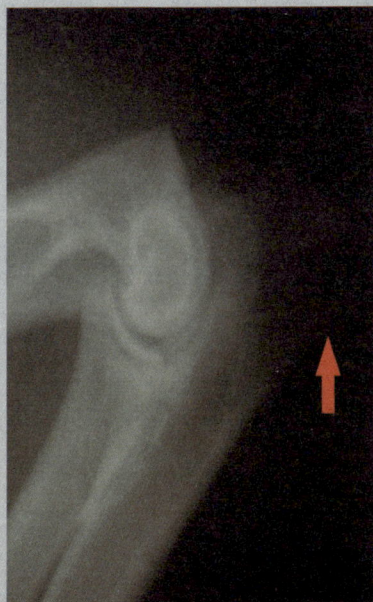

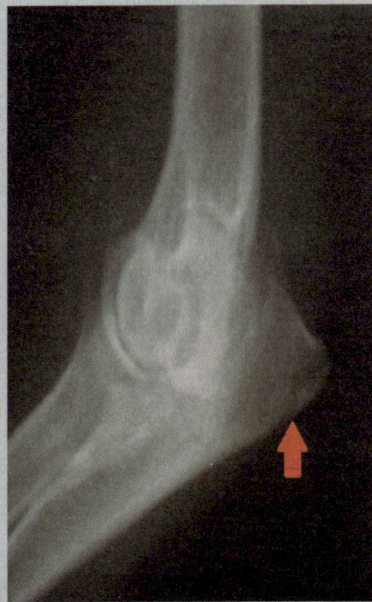

● 红色剪头为肘部喙突，骨密度降低

症状

运动后发生急性或慢性跛行，主人经常抱怨病犬早晨或者休息后身体僵硬。通常一侧前肢跛行，肘关节活动范围受限，稍用力外旋会有明显疼痛感。

病因

具体病因尚不清楚，有关文献记载，有明显的遗传倾向，具体体现在桡尺骨没有同步发育。

处理方法

需要在宠物医院做专业的外科手术，手术涉及矫形，手术难度相对较高。

治疗

手术涉及矫形，难度相对较高。严重者无法痊愈，可做关节固定术。

专家指导

若诊断为该病，需要专业的骨科医生为狗狗实施手术。

费用

常规的骨科手术费用。

遗传性关节病

遗传性关节病为非病原体感染性关节炎，也称为品种特异性多关节炎综合征。

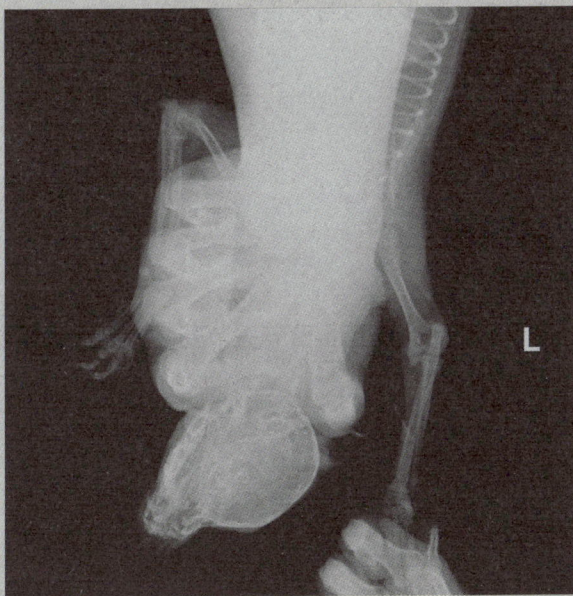

● 图为左侧时关节炎病变

运动系统疾病

症状

走路姿势僵硬，甚至出现无法正常走路的情况，周期性发热，对抗生素治疗无效。如果出现颈部或脊椎部位疼痛敏感现象可能存在椎间关节面病变或脑膜炎。

也可无明显症状，临床确诊多是由于主人发现爱犬食欲下降或总是发热。

该病通常涉及多个关节，腕关节和跗关节（相当于人的脚踝）发病最严重，疼痛和肿胀最明显。

病因

具体原因不明，现多认为与免疫系统有关。

治疗

1. 免疫抑制药物。
2. 脾摘除手术。
3. 对症治疗：服用止痛药、营养关节药物，超重犬需要减重。

专家指导

对免疫抑制疗法治疗反应不佳。

○ 费用 ○

需要长期用药，花费较高。

软骨病

软骨病是一种关节软骨发育缺陷性疾病，是动物局部或全身性的软骨内骨化障碍或软骨发育不良。

症状

病初期起立困难，站立时后躯摇晃无力，两后肢频频交换负重，运步谨慎，步履不稳，休息后患肢呈僵直状态。后期肩部肌肉发生萎缩，最后发展为卧地不起。一般是逐渐发病，也有突然发病。狗狗好发于4~8月龄快速生长的大型犬和巨型犬。临床上以无外伤史、跛行、疼痛为特征。

病因

一般认为直接原因是饲喂食物中缺乏维生素D或缺乏日光照射。食物中缺乏钙、磷矿物质或钙、磷比例失调，特别是磷的缺乏。内循环障碍、过度牵引或压迫性外伤所致，内分泌功能紊乱、营养不良及遗传因素也与本病的发生有关。

处理方法

为狗狗补充钙和维生素D，逐渐改善饮食结构；购买一些改善体内酸、碱平衡的营养品；病情严重者，应尽快前往宠物医院就诊。

治疗

目前治疗方法主要有保健治疗、辅助治疗和手术治疗。

保健治疗：补充钙和维生素D，逐渐改善饮食结构，从而让狗狗摄取的营养均衡，建议平时的喂食将汪想关节宝加于宠物食物，根据狗狗体重进行适量喂食，从而缓解狗狗软骨病的症状，恢复自理能力。

辅助治疗：平日多带狗狗去散步，进行适当的运动，切记不要过度剧烈奔跑，不能让狗狗爬楼梯，少吃和肉相关的食品。有经济条件的狗友们，还可以送到宠物医院，让有经验的医师帮其进行诸如烤电、推拿、按摩或针灸等。

手术治疗：包括病体切除、安装假肢等。

专家指导

尽量少饲喂狗狗吃鸡骨头，吃多了也容易得软骨病。

费用

视疾病严重程度以及治疗方法费用不等，以当地兽医师处方为主。

骨 瘤

骨骼组织形成的肿瘤或者骨骼附近组织肿瘤转移侵袭骨骼，可能的肿瘤有鳞状细胞瘤、骨肉瘤、软骨瘤、骨血管瘤、纤维肉瘤。

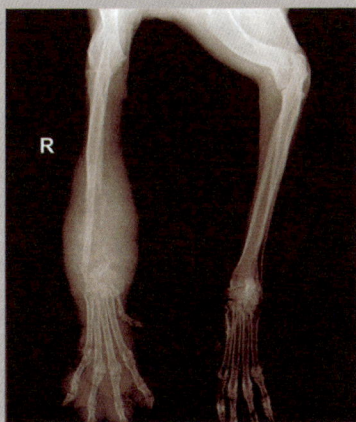

● 箭头所指为骨肿瘤

症状

常见症状为肿瘤引起的疼痛和走路异常。

病因

1.鳞状细胞瘤：犬常见的皮肤肿瘤，由于皮肤受损或接受紫外线过度导致，转移性很强可扩散到骨。

2.骨肉瘤：犬最常见的骨肿瘤，圣伯纳犬、大丹犬、金毛猎犬、爱尔兰塞特种猎犬、德国牧羊犬易患。病因不清，可能是由于骨骼生长分化异常导致。常发生于四肢。

3.软骨瘤：犬第二大常见骨肿瘤，常发生于肋骨、四肢骨、鼻骨、面部骨骼等。

4.骨血管瘤：血管内皮细胞来源。所有都为恶性肿瘤，脊椎发病率高于四肢骨骼，德国牧羊犬易患。

5.纤维肉瘤：犬第三大常见骨肿瘤，来源于骨髓的纤维成分。常发生于四肢骨，易发生转移。

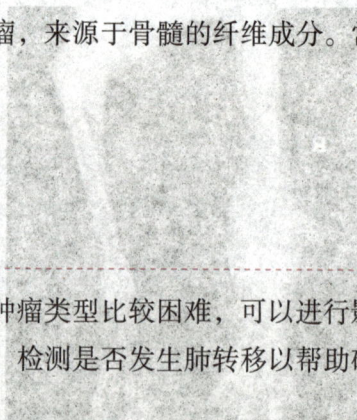

处理方法

首先进行确诊，但宠物肿瘤确定肿瘤类型比较困难，可以进行影像学检查确定已经发展情况和转移情况，检测是否发生肺转移以帮助确定治疗方案。

按时复查，检测肿瘤发生进展。

专家指导

骨肿瘤根据肿瘤类型、肿瘤分期和良性恶性情况预后差异很大，严重的存活时间几个月，截肢后存活时间较长，一年至数年不等。

○ 费用 ○

费用较高。

缺血性股骨头坏死

缺血性股骨头坏死，也称股骨头无菌性坏死。

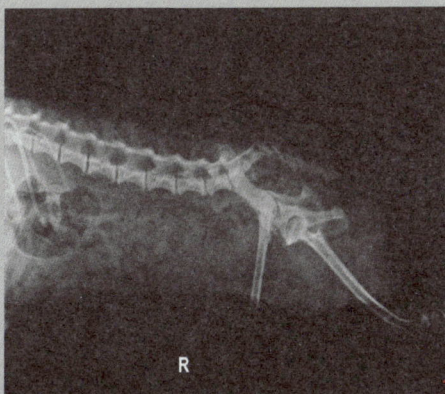

●箭头所指为坏死的股骨头

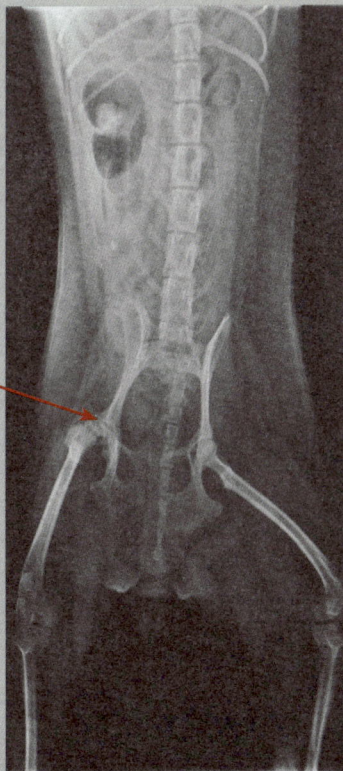

运动系统疾病

症状

大腿肌肉单侧萎缩，髋关节疼痛，后肢走路异常。

病因

通常认为是股骨头供血不足导致局部缺血组织发生坏死，在正常负重情况下股骨头萎缩变形。

治疗

手术切除股骨头。

1.抗生素，可以进行关节液微生物鉴定和药敏试验确定最有效的抗生素。

2.外科手术清除坏死组织。

3.止痛。

4.抗炎药物。

专家指导

随着时间延长疾病会越来越严重，建议手术切除股骨头，但术后护理对恢复也十分重要。

费用

治疗费用较高。

关节和骨感染

骨骼和关节的细菌感染，最常见的是金黄色葡萄球菌。

症状

发热、食欲不振、体重减轻。

受影响部位肿胀、疼痛无法正常行走。

病因

骨和关节存在于体内正常情况下处于无菌状态，但细菌可以通过外伤伤口、异物植入（髓内针、钢钉等）、周围组织细菌感染转移、血液转移侵入骨、关节造成感染炎症。

细菌大量繁殖会导致骨组织溶解、造成骨髓炎。也可能发生由于免疫（抗原抗体复合物）介导产生的关节炎。

治疗

止痛和免疫抑制药物治疗。

专家指导

感染会造成全身疾病，需要及时治疗以防止微生物通过血液侵袭全身组织。犬发生外伤时需要及时去医院进行清创。

○ 费用 ○ 视严重程度而定。

运动系统疾病

退行性关节病

慢性、持续进行的非感染性关节病，可导致全身关节软骨损坏、变性和增生。是犬最常患的关节病。

症状

无全身症状，最初可能是走路僵硬。随着病情发展，关节纤维化和疼痛会引起关节功能丧失，犬将无法正常行走。

病因

具体机制并不明确，可能与品种和免疫缺陷疾病有关。

处理方法

爱犬出现行动异常时应及时就诊。对于跛行的犬X线检查很有必要。退行性关节病可通过X线检查发现软骨异常而确诊。

治疗

保守治疗，使用非甾体抗炎药减轻疼痛，控制体重，防止恶化，服用营养软骨药物，帮助恢复患病关节功能。

专家指导

骨骼疾病X线检查很有必要，只有确诊后才能确定最佳的治疗方法，控制病情恶化。

费用 需要长期服药，花费较高。

多发性关节炎

滑膜液和滑液内细胞发生慢性、进行性的炎症。有物种特异性。

症状

疼痛、走路异常。

病因

病因尚不确定，可能与免疫系统有关。

治疗

止痛、消炎，可用一些抗类风湿性药物及提高机体免疫力。

专家指导

该病多发于老年犬，特别是体弱多病者。预防该病方法为增强体质，提高机体抗病能力，可减少疾病发生，但对已发病例，多不可逆转，只能缓解病情。

费用　治疗费用适中。

运动系统疾病

神经系统疾病

犬神经系统疾病有很多，如：神经、脑或者脊髓都会受到侵袭。脑和脊髓周围的膜损害可导致脑膜炎。

脑损害则为脑炎。

两种疾病都是由细菌感染引起。脑损害的病症包括昏厥、肌肉抽搐、震颤、眼球震颤（眼球向一侧快速运动）。

抽搐（脑膜炎、脑炎、脊髓炎）

犬类脑炎是一种由于感染或者中毒等因素引发的脑膜或者脑实质的炎症。从广义上来说，脑炎不仅仅包含脑部感染，也包括脑部的一些病变。而急性脑炎是一种非常可怕的疾病，它的致死率非常高。所以，这是一种需要狗狗家长们特别关注的疾病。

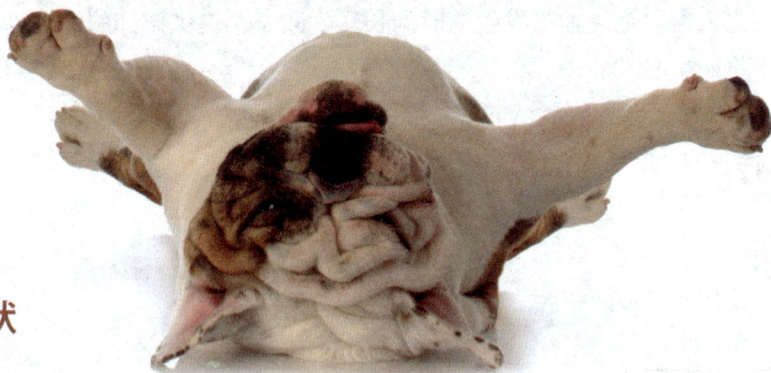

症状

犬突然倒地，四肢僵硬、伸直、呈划水状晃动，有时还会出现四肢抽搐和不自主的咀嚼。持续时间不等，可能数秒也可能几分钟。

病因

1.颅内性：先天畸形，脑积水，肿瘤，感染，出血，血管性疾病。

2.颅外性：中毒，低血糖，低血钙，电解质紊乱，肝脏疾病，严重的尿毒症。

3.原发性：无任何异常的原发性抽搐，25%~30% 患犬为先天性。抽搐在德国牧羊犬、比格犬、柯利犬、圣伯纳犬、可卡犬、哈士奇、拳狮犬、阿拉斯加雪橇犬、喜乐蒂牧羊犬、贵宾犬等中比较常见。低于 6 月龄发病很可能是原发性，第一次抽搐发生在 6 月龄到 3 岁龄之间可能是先天畸形，老龄动物可能是肿瘤、血管疾病或代谢性疾病。如发病很急，考虑感染性疾病。

处理方法

抽搐持续发作 20 分钟以上可造成神经永久性损伤，需要药物急救。如在家发生抽搐请在不伤害自己的前提下尽量稳定狗狗并及时送往医院。

主人需要记录抽搐发生的时间长短、频率，提供详细的病史以帮助医生推断病因。

治疗

服用抗抽搐药物。

专家指导

神经疾病诊断很困难，治疗通常采用对症疗法。诊断检查内容可能包括常规生化血液检查、眼部检查、放射线检查、脑电图 CT 检查、核磁共振检查等，花费较高。

费用

考虑到急救、诊断、药物，花费较高。

椎间盘疾病

椎间盘纤维环脱出进入椎管，压迫脊髓。

●箭头指向为脊椎间隙有变窄

症状

多数椎间盘脱出发生在后段胸椎或腰椎，症状主要为疼痛造成的弓腰和后肢异常，如无法站立或正常行走。颈椎椎间盘疾病一般会导致颈部疼痛，有时会出现前肢异常。

病因

外伤如车祸、高空摔落会造成椎间盘破裂。由于遗传因素，小型犬如贵宾犬、西施犬、可卡犬等在3～6岁椎间盘会发生变性进而造成椎间盘疾病。老年大型犬会因为退行性原因发生椎间盘疾病。

处理方法

当发现爱犬出现脊椎附近疼痛、走路异常、无法站立等情况应尽快送往医院。在移动爱犬的过程中注意不要弯曲脊椎，且小心爱犬因为疼痛攻击主人。

治疗

手术或非手术药物维持。维持疗法需要使用镇痛药，笼养，至少3周限制活动，用肩带代替脖圈，超重动物需要进行减肥。

专家指导

诊断需要X线检查、骨髓造影、CT、MR2和其他神经学检查、病史调查，治疗方法有针灸、手术及药物治疗等。

费用

手术花费较高，药物维持治疗花费相对较少，但都需要主人悉心的照顾。

营养代谢性疾病是**营养紊乱和代谢紊乱疾病的总称。**

营养紊乱是因为动物所需的某些营养物质的量供给不足或缺乏，或因某些营养物质的过量而干扰了另一些营养物质的吸收和利用引起的疾病；而代谢紊乱是因体内一个或多个代谢过程异常改变导致内环境紊乱引起的疾病。

**营养代谢性
疾病**

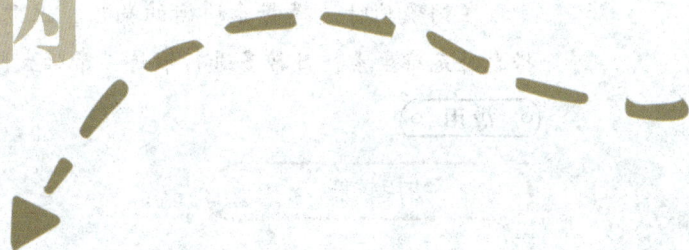

维生素 A 缺乏症

维生素 A 缺乏症是指由缺乏维生素 A 引起的疾病。

症状

维生素 A 缺乏症表现为厌食、消瘦和被毛稀松，进一步发展则出现毛囊角化、皮屑增多、夜盲和眼干燥病、角膜变厚、混浊、结膜发炎、畏光流泪、有红色分泌物等。

病因

饲喂营养单一的狗粮，或哺乳期的狗维生素 A 流失较大，造成维生素 A 的缺乏，或继发胃肠道疾病。

治疗

在狗粮中添加适量的维生素 A，也可直接注射维生素 A 或口服鱼肝油。

专家指导

在饲喂狗时选择营养均衡的狗粮，注意狗的身体状态，不可经常擅自补充维生素，日常多进行锻炼，常晒太阳。

费用

费用较低。

B 族维生素缺乏症

B 族维生素缺乏症是指由缺乏 B 族维生素引起的疾病。

症状

缺乏 B 族维生素容易引起角膜混浊、鳞屑状皮肤炎、肌肉无力、皮肤炎并有红斑和毛褪色皮肤过度角化、毛生长不良等疾病，不同种类的 B 族维生素缺乏会引起不同疾病，症状也不尽相同。

治疗

因为 B 族维生素种类不同，可根据医生的处方对应补充缺乏的 B 族维生素。可选择口服、肌肉注射或者静脉注射的方法进行补充。

专家指导

日常要饲喂营养均衡的狗粮，B 族维生素的缺乏常常引起皮肤毛发的疾病，主人要密切关注。

费用

根据病情的严重程度和引起疾病的不同，治疗费用差异较大。

佝偻病

犬佝偻病是一种代谢性骨病，是快速生长的幼龄狗维生素 D 缺乏及钙、磷缺乏或者钙、磷比例失调引起代谢障碍所致的骨营养不良综合征。

症状

病初表现不明显，只是不爱活动、发育迟缓，逐渐发展为关节肿胀，前肢关节变形，四肢变形呈 O 形或 X 形。病犬喜卧、异嗜、站立缓慢、四肢不断交换负重前行。病犬牙齿发育不良，容易发生牙齿龋坏或脱落。产后母犬缺钙时还会发生抽搐的症状。

病因

1. 食物中钙、磷不足或钙、磷比例失调是导致佝偻病发生的重要原因之一。

2. 维生素摄入不足或长期光照不足。

3. 慢性消化性障碍。

4. 寄生虫病。

治疗

尽量多晒太阳，日光能促使犬自身合成维生素 D, 维生素 D 对钙、磷的吸收和代谢起着重要作用。

在日常饮食中添加足量的维生素 D，也可在医生的指导下口服或注射维生素 D。

专家指导

给予营养全面的狗粮，同时每天保证充足的阳光照晒和适量的运动可以预防本病的发生。

○ 费用 ○

此病治疗费用较低。

母犬也是会得妇科疾病的，并且很多
妇科疾病严重时会危及生命，对此狗狗家
长们切**不可忽视**。

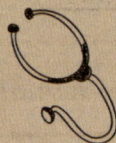

母犬疾病

子宫积脓

✿

🦴

脓性物质在雌犬的子宫腔内蓄积。

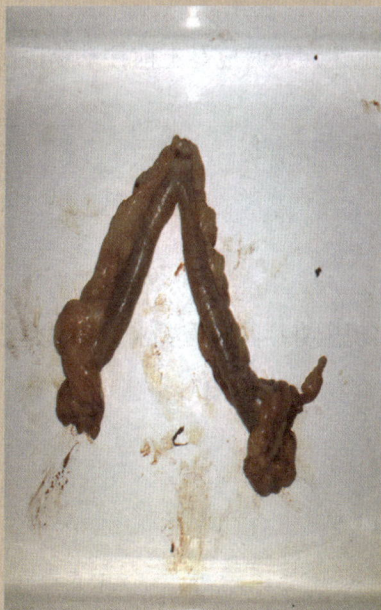

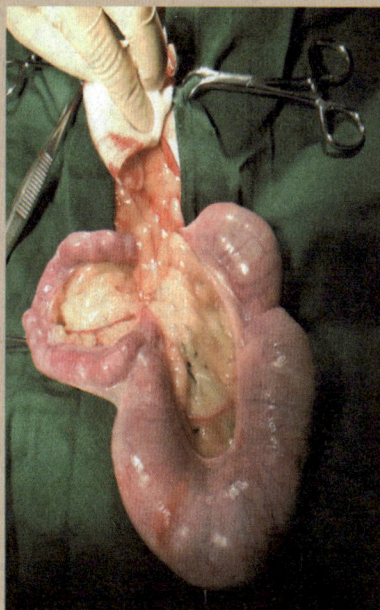

●图为手术切除的病理性子宫

症状

全身症状：精神沉郁、厌食、体温升高、呕吐腹泻。"开放型"子宫积脓有脓汁从阴道流出，"闭锁型"则无脓汁流出。

病因

一般有两个主要原因：子宫内膜增生和细菌的侵入。一般发生于发情期和未绝育的母犬。

处理方法

子宫积脓严重可导致死亡，出现上述症状时应马上前往动物医院。超声检查即可确诊。

治疗

病情不严重可以采用药物治疗，出现全身症状则需要采用手术疗法。

专家指导

及时绝育可杜绝此病。

费用

如需手术则花费较多，且为检测生命体征和恢复程度需要进行较频繁的生化检查。

假孕并不是疾病，而是一种正常的生理现象。表现为没有怀孕却出现怀孕的临床症状。

假孕

症状

乳腺发育、腹部膨大、体重增加且行为异常。

病因

所有的母犬在发情后都处于假孕状态，只不过有些表现出症状（明显的身体变化），而有些则没有症状，这是由于发情期黄体酮水平降低催乳素分泌升高所导致的。

处理方法

若十分确信没有交配行为而出现怀孕现象基本可以断定为假孕。但在不确定是否真的怀孕时建议及时去医院进行检查，要想通过超声判断是否怀孕至少需要怀孕 25 天，所以很可能医生会建议先观察一段时间。

治疗

假孕为正常生理现象，一般不需要治疗，也可以使用一些药物如溴隐亭降低促乳素的分泌。

费用 花费不高。

乳腺肿瘤

乳腺肿瘤的发病率占母犬所有肿瘤的一半。多发生于老年犬和未绝育的母犬，公犬很罕见。

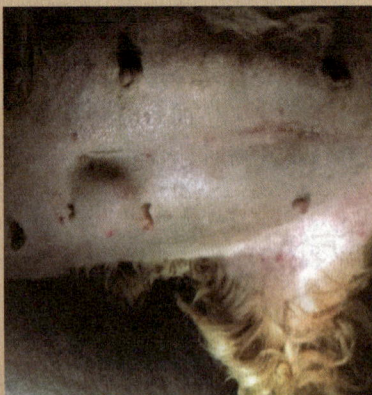

●箭头所指为乳腺占位（公犬）

症状

乳腺部位有硬结，大小不等，有的几毫米，有的十几厘米。硬结一般是游离的，不与体壁相连。如果发生了肿瘤转移，还会出现腋下淋巴结肿大或腹股沟淋巴结肿大。

病因

肿瘤发生的病因不确定，一般是随着犬的衰老乳腺细胞发生癌变。此外很多研究表明雌激素对肿瘤的发生有影响。

处理方法

及时前往宠物医院就诊。

治疗

手术切除，且一般为防止转移和复发切除的部位很大。只有手术切除肿瘤组织后进行组织病理学检测才能确定是否是肿瘤和可能的类型。犬肿瘤的研究程度不及人类肿瘤，所以有时很难确定给出明确的肿瘤类型。

也可以考虑化疗、放疗，但这对动物医院的设施要求比较高。

专家指导

及时绝育可大大降低发病概率。

费用

与人类肿瘤类似，无论是手术还是化疗、放疗的治疗费用都较高。

乳腺炎

乳腺发生细菌感染，多发生于产后母犬，有时也发生于假孕母犬。

症状

乳腺热、坚硬、肿大、疼痛，母犬会因为疼痛而拒绝饲喂幼崽，所以主人可能最先发现幼犬叫声频率升高、饥饿。乳汁也会出现异常，如变色（变黄或呈血色）。

乳腺炎也会影响全身状态，造成体温升高、厌食等。

病因

乳头与外界连通，因此细菌（如大肠杆菌、葡萄球菌和链球菌）有机会侵入乳腺造成乳腺炎。特别是产后乳腺发育，且泌乳会使得乳头开口变大使细菌更容易进入。

处理方法

需要及时就医，为了减缓乳房的疼痛和红肿可以进行热敷。至于患乳腺炎的母犬是否可以继续哺乳幼犬尚无定论，目前认为只要母犬愿哺乳就可以继续哺乳幼犬，但需要多注意幼犬的状态。

治疗

该病为细菌感染，需要使用抗生素，补充营养和水分。治疗的目的是使母犬尽快恢复正常的哺乳。使用抗生素时需要选择对幼犬没有影响的抗生素。

○ 费用 ○

需要输液和一些生化检查，费用不高。

产后低血钙

产后低血钙即产后母犬血液中钙含量降低，是一种急性的威胁生命的疾病。

症状

产后母犬突然抽搐、无法正常站立或行走，或突然倒地四肢伸直。

病因

在怀孕期间母犬体内大量的钙流入胎儿体内形成骨骼，在分娩后大量的钙流入乳汁，造成母犬血液中钙含量降低。钙是机体在进行许多重要生命活动时所必需的离子，缺乏钙对骨骼肌系统、心血管系统等多个系统造成损伤最终会导致死亡。

处理方法

马上前往宠物医院治疗。

治疗

注射葡萄糖酸钙会马上缓解。但因为钙制剂对心脏功能影响很大，此期间还需要密切关注心率。

专家指导

在怀孕期间注意营养均衡，购买正规渠道的质量合格的犬粮。怀孕期间不需要额外补充钙制剂，有时过分补充钙反而会造成产后高血钙。

费用

花费不高。

阴道脱垂

阴道突出到阴门外。

●箭头所指为阴道脱出物

症状

> 粉色阴道突出到阴门外,看起来像一个粉红色的球状物从阴门突出。一般发生在发情期内或发情期后。

病因

> 主要是受到雌激素的影响,也有遗传倾向,短头犬如斗牛犬多发。

处理方法

> 若发现阴门外有粉红色的球状物突出时应尽量保持脱出的阴道湿润、干净并及时前往宠物医院就诊。

治疗

> 一般采用手术复位并进行固定。若脱出严重(整个阴道全层都脱出)或脱出时间过长部分组织坏死,还需要手术切除受损组织。
>
> 该病十分容易复发。虽然有时在发情前使用药物提高黄体酮水平抑制雌激素的分泌可以防治本病,但最理想的杜绝方法是进行卵巢子宫切除术。

(○ 费用 ○)

手术复位费用较高,但也取决于脱出的严重程度。

公犬疾病

公犬也会有公犬的烦恼，有些疾病会影响它的
"狗生质量"，所以，一旦发现，及
早治疗。

隐　睾

隐睾是指睾丸停留于正常下降途径中，未降至阴囊内的正常位置。

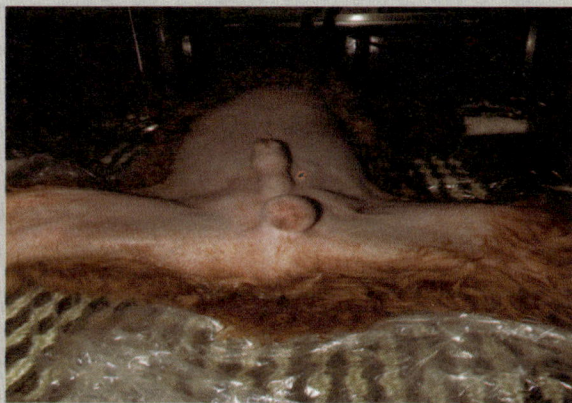

●腹腔内隐睾

症状

常见症状有不育症，隐睾处于相对高温环境，十分不利于睾丸的发育和青春期后的精子生成，可以造成睾丸的明显萎缩，阻碍精子的发生，出现少精或无精，从而影响患畜成年后的生育能力。隐睾存在很多隐患，有发生疝气、睾丸恶性肿瘤的风险，易于发生睾丸扭转，伴有腹痛的症状。

病因

引起隐睾的常见因素包括将睾丸引入阴囊的睾丸引带异常或缺失、先天性睾丸发育不全使睾丸对促性腺激素不敏感，失去下降动力、促黄体生成素和尿促卵泡素的缺乏，也可影响睾丸下降的动力。

处理方法

犬的睾丸下降发生在 10 日龄时，品种间存在差异，所以可以等待，猫的睾丸在出生前已下降，正常下降期过后睾丸仍未下降者，就应前往动物医院就诊。

治疗

治疗方法一般分为两种，一种是内分泌治疗，按医嘱使用绒毛膜促性腺激素诱导睾丸下降；另一种是手术治疗，对患畜实施阉割术，摘除睾丸。

🐾 专家指导

注意手术结束后的护理，在家需注意保暖，术后六个小时，可以少量饮水，再进食。术后对动物进行营养补充，有利于伤口的愈合及减少动物的痛苦。为防止宠物舔伤口，给动物佩戴"伊丽莎白"圈。

费用

隐睾治疗费用不高，相当于绝育术的费用，根据动物医院设施及兽医专业水平不同有一定差异。

会阴疝

会阴疝是指腹腔或盆腔脏器经盆腔后直肠侧面结缔组织间隙突至会阴部皮下所形成的局限性突起。

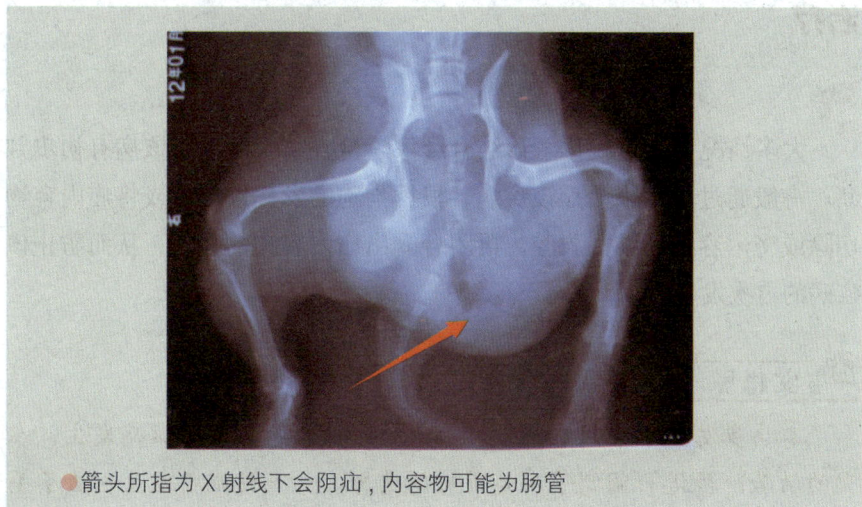

●箭头所指为 X 射线下会阴疝，内容物可能为肠管

症状

会阴疝的临床表现比较明显，肛门周围有凸起，临床表现为患病犬排便困难、呻吟、吠叫，不见有粪便排出，表情痛苦。

病因

发生会阴疝的可能病因是老年犬长期便秘；直肠畸形、憩室及肠黏膜损伤；会阴部肌肉萎缩；公犬雄性激素失调等。

处理方法

在主人发现患犬有上述症状时，应及时送往宠物医院，在医生的指导下进行治疗。

治疗

大多情况下通过视诊触诊结合影像学检查结果可以对该病有初步判断。一般通过手术来治疗该疾病，根据狗狗的发病情况，或将疝内容物切除或将内容物还纳回腹腔，再闭合露出疝内容物的孔道，从而防止该疾病的再次发生。

专家指导

本病多发生于未阉割的 6 岁以上的雄性犬，为防止该病发生，在犬的幼龄阶段进行阉割手术是最好的选择。如果该病已发生，应尽早进行手术，越早进行手术，手术难度越小，恢复效果越好。

费用

多数患病犬都需要手术来进行治疗，根据术前检查的项目、麻醉方法的不同，该病的治疗费用在 2000~5000 元。

睾丸肿瘤 ✤

犬睾丸肿瘤是由于睾丸细胞异常分裂导致的一种较为常见生殖器官疾病，主要分为精原细胞瘤，间质细胞瘤和支持细胞瘤。

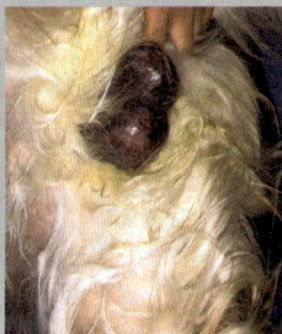

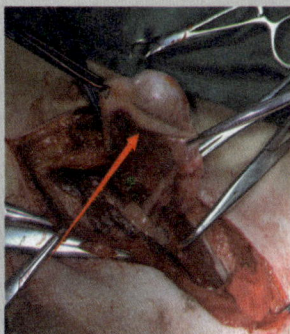

●箭头所指为未沉降的睾丸并发生肿瘤

症状

根据发生异常分裂的细胞的不同，患犬会出现雌性化的症状，包括乳房发育、脱毛、性欲降低、包皮下垂肿胀和阴茎萎缩、脂肪重新分布、甲状腺功能减退。

病因

发生隐睾的患犬由于长时间处于较高温的条件下，容易引发睾丸肿瘤。较大年纪的公犬随着机体免疫力的降低也容易发生睾丸肿瘤。

处理方法

关注患犬身体状态，一旦出现症状时不要擅自处理，应及时送到宠物医院。

治疗

手术是睾丸肿瘤最佳的治疗选择，在没有发生转移的情况下，可以根治该病。如果发生了转移，就需要化疗辅助治疗。

专家指导

大部分睾丸肿瘤手术摘除就可以治愈。但引发了雌性化综合征的肿瘤可能更具有浸润性，并具有更高的转移性和死亡率。因此在幼龄阶段做阉割手术对于预防此类疾病是很有好处的。

费用

根据狗狗的发病程度不同，检查、治疗费用差异很大，良性肿瘤或未发生转移通过手术就可以根治该病，但发生转移则需要更高的费用来进行化疗。

前列腺
良性增生

未阉割公犬前列腺的无痛肿大，是犬最常见的前列腺疾病。

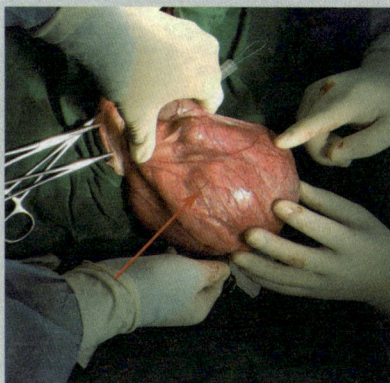

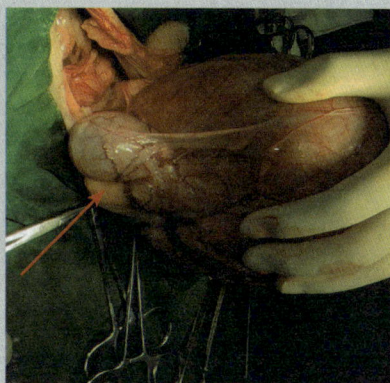

● 箭头所指为增生的前列腺

症状

常见于中年公犬或老年公犬，犬通常很健康，常见异常有：尿血；犬摆出排便姿势但排便困难；触摸前列腺部位无痛感；X线、超声检查两侧前列腺对称性增大。有时放射线检测发现前列腺肿大，但犬无任何临床症状。

病因

雄激素刺激是造成本病的原因。但并非所有未阉割公犬都会发病，具体原因不明。

处理方法

发现排便时间增长或排便困难、尿血需要及时送往医院就医进行诊断。虽然前列腺良性增生不严重，但有类似症状的其他疾病需要及时治疗。

治疗

无临床症状的前列腺肿大无须治疗，有症状的犬进行阉割手术。用于繁育而不能阉割的公犬可以使用雌激素或孕激素治疗，但停药后容易复发。

专家指导

按时进行阉割手术。

费用

阉割手术是常规手术，价格适中。

前列腺炎

前列腺发生细菌感染，可能发展成慢性前列腺炎，严重的细菌感染可能会发展为前列腺囊肿。

症状

前列腺疼痛犬表现为弓腰，触摸靠近后腿的腹部有疼痛反应；包皮部位有血性分泌物；有时有全身症状如发热、食欲不振。

病因

前列腺发生细菌感染，一般细菌是通过尿道口逆行发生。常见细菌有大肠杆菌、葡萄球菌、链球菌等。

处理方法

请务必前往医院进行诊疗。采集尿液进行药敏试验很有必要。

治疗

使用抗生素进行治疗，但由于前列腺屏障抗生素很难进入前列腺实质，所以前列腺炎很难治疗，通常需要连续治疗 2~3 周，且要按时复查。除了抗生素外还需要补液及时纠正脱水和休克。一旦动物体况恢复且稳定，就可以考虑进行阉割手术。

急性前列腺炎和前列腺脓肿是危及生命的疾病，且很难根治，容易复发。阉割可降低发病的概率。

专家指导

及时进行阉割手术。

费用

治疗周期长，且很难根治，考虑到还需要进行阉割手术，所以花费较高。

肛门腺癌 ✚

肛门腺癌为肛门腺上皮发生的恶性肿瘤，结构不一，但没有残留的多形性腺瘤的成分。

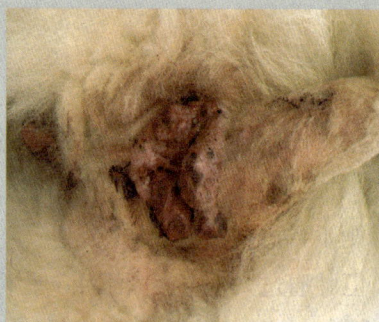

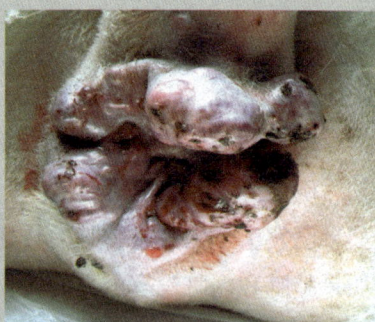

● 图中所示为肛门腺癌症状

症状

肛门腺癌临床症状主要表现在三个方面：原发肿瘤引起的肛门不适、瘙痒、舔舐和出血；转移的淋巴结阻塞盆腔导致的排便困难和便秘；高钙血症导致的多饮多尿、嗜睡、厌食和呕吐。

病因

常见的病因包括：长期高脂肪、高蛋白及低纤维素的饮食，遗传性因素，大肠炎症性疾病引发的癌变。

处理方法

不宜饲喂过分刺激肠胃的食物，如辛辣、冷酸食物，培养良好的排便习惯，每天定时排便，多喝水，有助于肠道的吸收和消化，适度的运动可促进体力的恢复，也可促进新陈代谢和增加免疫力。

治疗

治疗的选择依据犬的基本情况、主人的意愿和肿瘤的分期和分期综合评估后确定。其基本原则是：

如果已发生了内脏或肺脏的转移，则不再进行治疗；

如果肺脏和内脏没有可见的转移，但肿瘤过大（直径大于4.5厘米）或转移的淋巴结过大（直径大于2.5厘米），则先进行化疗或放疗，再评估肿瘤和淋巴结的大小，直至符合手术切除的标准。

如果肺脏和内脏没有可见的转移，但肿瘤直径小于4.5厘米；淋巴结未转移或转移；但直径小于2.5厘米。手术切除肿瘤和转移的淋巴结，并联合化疗或放疗。

阉割或绝育对该肿瘤的治疗没有帮助。

专家指导

综合目前肛门腺癌病因研究，低脂、低蛋白、高纤维素饮食，养成良好的排便习惯有助于预防肛门腺癌形成；定期进行粪便隐血试验、肠镜等检查，有助于早期发现、早期诊断肛门腺癌。

费用

肛周腺癌治疗费用较高，与肿瘤分期有关，若发现较晚，癌细胞已蔓延，一次手术通常无法彻底切除，易复发，常伴随后续治疗。

老年犬疾病

随着狗狗年龄逐渐增长之后，身体器官和其他功能就会出现退化现象，尤其以**心脏、关节和视觉方面退化**得最为厉害。

慢性心力衰竭 ✳

当心脏无法泵出足够的血液提供犬正常的生命活动时就发生了心力衰竭。心力衰竭不是一个疾病而是由一个或多个潜在的原因引起的综合征。慢性心力衰竭指的是心力衰竭，但无严重的肺水肿或心脏供血不足等严重情况。

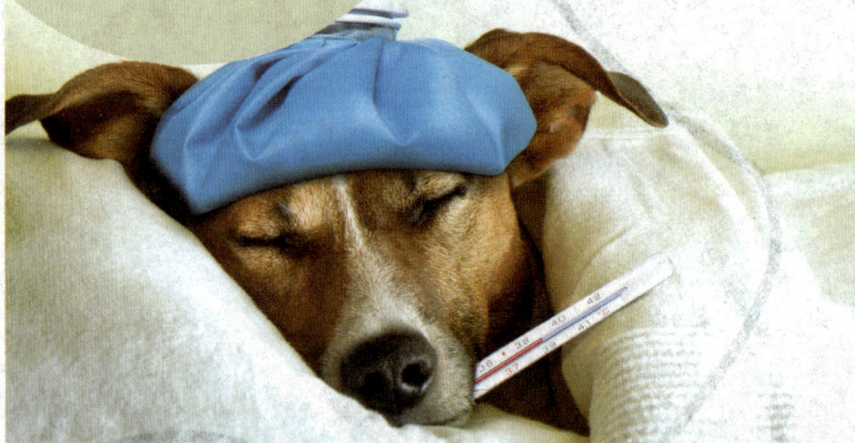

症状

运动不耐受，表现为运动或爬楼梯后喘，不愿意动。心力衰竭时心脏血管一般发生了不可逆的变化，所以慢性心力衰竭有发展为严重的或突发性心力衰竭，如肺水肿表现为呼吸困难，皮肤黏膜发紫，动物对外界刺激反应慢，严重时还会失去知觉。

病因

心力衰竭的原因有很多，如心肌缺血或梗死、瓣膜疾病、心肌病、心包疾病、心丝虫。老年犬常因为瓣膜疾病或心肌病诊断为心力衰竭。

处理方法

慢性心力衰竭的狗狗主人需要按时复诊，密切观察爱犬，帮助医生确定心脏病的发展程度，及时调节药物剂量或更换药物。

治疗

需要日常服用药物，更换适当的日粮，减少运动和盐的摄入以减轻心脏负担。

专家指导

对于老年犬建议每年体检一次，尽早发现异常尽早治疗。

费用

日常用药花费较多。

老年犬疾病

由口腔内细菌感染开始逐步恶化的口腔疾病，几乎所有的中年以上犬都需要某种程度的牙周治疗。牙周疾病会造成犬的疼痛和不适，进而影响狗狗健康和生活品质。

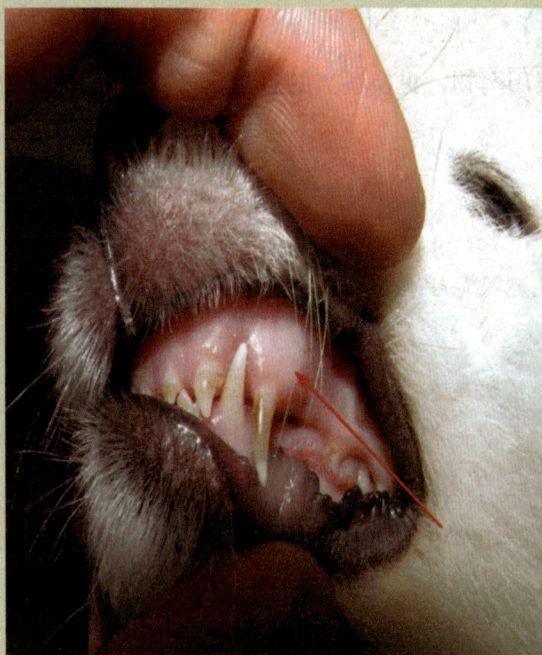

●箭头所指为肿胀的牙龈

症状

临床症状少,除了常见的口臭,其他症状通常只有疾病末期才会出现,如牙齿上出现黑斑、牙龈出血、过度流口水、不愿进食、变得暴躁容易攻击等。

病因

牙周疾病通常是因为不注意口腔卫生而渐渐发展而来的,细菌在牙齿上堆积造成牙菌斑,牙菌斑的堆积会导致牙龈炎,牙龈炎为牙周疾病的前身,当上下颌骨发生溶解时即发展为牙周疾病。

处理方法

和人一样,犬也需要每天刷牙,每天刷牙是控制牙菌斑的黄金准则。但对于以形成的牙结石只能依靠医院进行治疗。日常使用一些洁牙零食也很有帮助。

治疗

洗牙,严重时还需要拔牙。

○ 费用 ○

洗牙需要进行麻醉,花费较多。

老年犬疾病

肾上腺皮质功能亢进

肾上腺皮质功能亢进，又称库兴氏症。因分泌过多肾上腺皮质激素从而造成机体的一系列病理变化，常发生于 6 岁及以上犬和小型犬，贵宾犬、腊肠犬、德牧犬、比格犬、拉布拉多犬常见。

症状

多饮多尿多食、对称性脱毛、嗜睡不愿走动，腹部膨大的症状。这些症状与衰老造成的正常现象类似，但发现爱犬在室内排尿次数增加，食欲增加，开始偷偷捡食物，皮肤变薄并出现黑点，一般提示患上该病。

病因

垂体控制肾上腺皮质的功能，如果垂体出现肿瘤会造成本病；肾上腺自身肿瘤会造成本病；有时人为的过量使用糖皮质激素会造成本病。本病在老年犬中比较常见。肾上腺功能亢进会导致严重的并发症。

处理方法

发现爱犬有上述症状后需要及时就诊，确诊后需要进一步确定病因从而进行正确的治疗。

治疗

除了根据病因选择正确的对抗肾上腺皮质功能亢进的药物，还需根据症状进行对症治疗。

专家指导

对于老年犬建议每年体检一次，尽早发现异常尽早治疗。

费用

日常用药花费较多。

甲状腺功能减退

甲状腺激素分泌减少导致的病理变化，常见于中年犬。

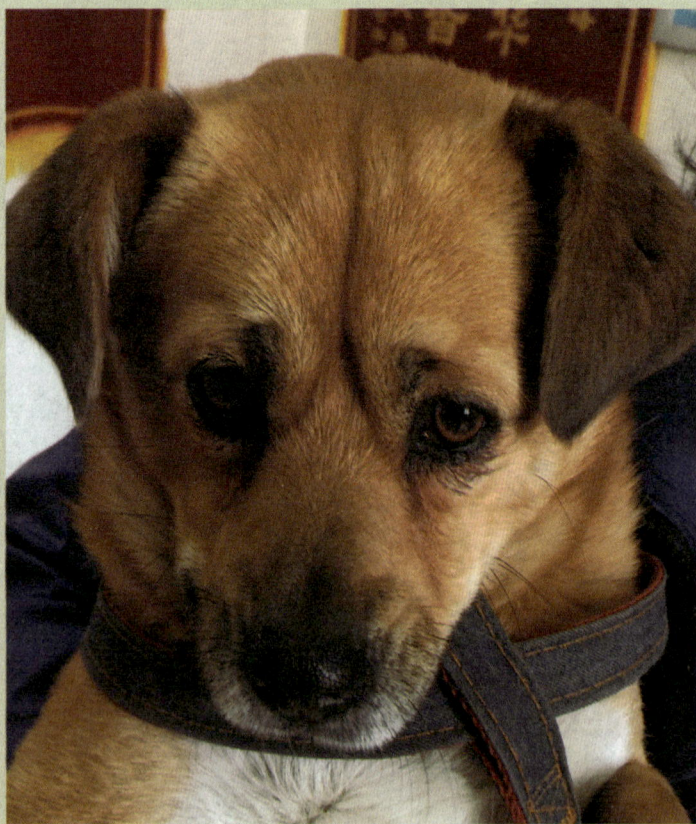

● 部分甲状腺功能减退有面带愁容的表现

症状

皮肤病如皮屑增多、双侧对称性的脱毛、瘙痒或仅出现尾部脱毛（即"鼠尾"）为常见症状。其他症状还有嗜睡、体重增加且无多尿、多饮现象。

病因

甲状腺结构和功能异常会引起甲状腺激素产生减少，由于衰老导致的甲状腺功能丧失是最常见的病因，其他病因包括肿瘤等。

处理方法

尽快就诊，接受治疗后症状很快会消失，但预后好坏也取决于狗狗个体的情况。用药后需要密切观察爱犬的反应，谨慎剂量过大而出现甲状腺毒性，常见症状有对外界反应过于敏感、出现攻击行为、多尿、多饮、多食、体重下降。按时复诊调节药物剂量或更换不良反应的药物。

治疗

需要口服药物。

专家指导

对于老年犬建议每年体检一次，尽早发现异常尽早治疗。

费用

日常用药花费较多。

糖尿病

犬糖尿病大多为胰岛素水平低、血糖高与人类胰岛素水平高、血糖高有所不同。

症状

多饮、多尿、多食、体重下降，白内障或突然失明，表现为眼睛内有白色絮状物、走路频繁撞到家具。7~9岁为高发阶段，有些犬种如澳洲犬、猎狐犬、约克夏、雪纳瑞、贵宾犬、萨摩耶等比较易患。

病因

具体病因不明，可能由多种因素导致，遗传、肥胖等是可能的原因。由于多种原因刺激导致胰岛细胞丧失分泌胰岛素的功能，血液中胰岛素水平降低，血糖升高。

处理方法

及时就诊，按时复诊，更换低热量高纤维的日粮以减轻体重，过于消瘦的犬需要先恢复为正常体重后再更换高纤维低热量日粮，运动对于患糖尿病的犬不是必需的。

治疗

使用胰岛素和药物应针对临床症状。使用胰岛素时需要避免胰岛素使用过量出现低血糖的情况，要积极与医生沟通，密切观察爱犬。

○ 费用 ○

日常用药花费较多。

老年犬疾病

关节炎

变形性关节病是慢性、进行性和最低程度的炎性关节病，可导致关节软骨损坏、变形性和增生性变化，是犬最常见的关节病。

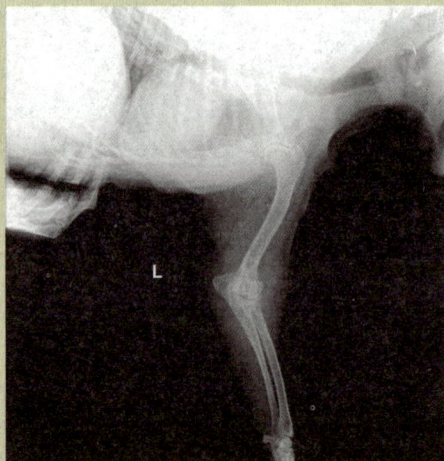

●图为变形性膝关节炎

症状

症状很隐蔽不易发现，最开始可能只是在运动过度后出现四肢僵硬、走路异常的情况，但轻微的关节病在适当运动后走路异常的状态会改善。

不过随着疾病时间增加，犬会因为疼痛丧失关节功能，表现为走路异常。

病因

从高处落下、扭伤等外力作用于关节导致关节软骨表面受损，此外先天关节畸形易于关节病的发生。

处理方法

减轻作用于关节的压力，纠正犬跳沙发、床的现象缓解关节软骨进一步受损。

治疗

治疗包括缓解目前的不适和防止进一步软骨损伤，可以使用药物缓解炎症、滋养软骨，适当的运动和按摩也有助于软骨的恢复。也可以通过手术纠正关节处的异常来恢复正常的关节软骨功能。

(费用)

根据治疗的不同花费不同，几百元到几千元。

狗狗突发意外，主人通常是惊慌失措，不知如何处理，因而错失救回狗狗的最佳时机。事实上，只要急救得当，就有机会保住狗狗的一条命。

每一位狗狗家长都应该认真学习一些急救的方法。

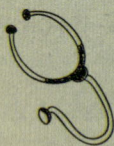

意外和急救

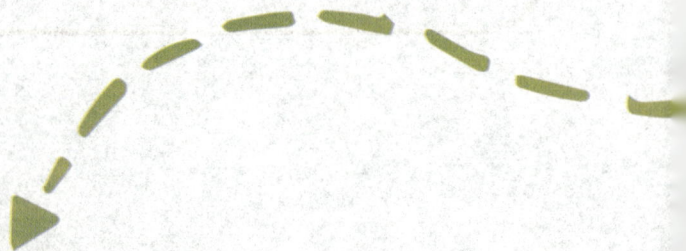

犬误食

犬误食是由于犬误食外界食物以及异物而造成的一种伤害。

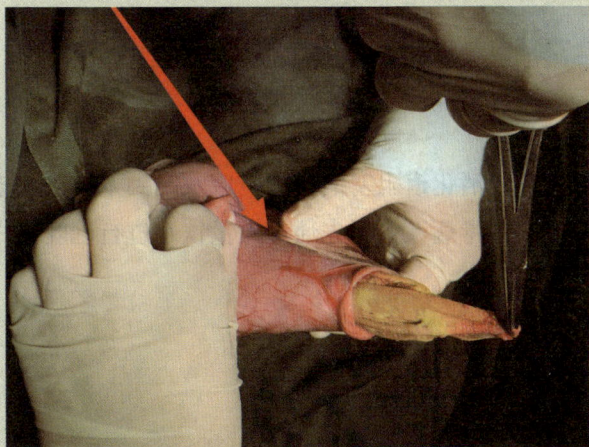

● 图为犬胃内异物手术取出过程

症状

由于犬的天生习性，对于外界新鲜事物，多用闻和咬的方式去接触，这就使得犬误食而造成的中毒以及消化道阻塞概率大大增加。根据误食的物品不同，症状也有所不同。犬误食巧克力后，会出现多动、腹泻、脱水、肌肉震颤、紧张不安、心跳加快、口渴以及呕吐等症状。犬误食洋葱后，急性中毒情况会出现犬的尿液呈现出咖啡色或酱油色、食欲明显下降、精神沉郁、心悸亢进、呕吐、腹泻，此时抢救不及时可能会导致死亡。

对于慢性中毒病犬，常呈轻度贫血与黄疸。犬误食线绳后，极有可能导致消化道阻塞。

病因

该病的病因主要是犬误食外界物品导致的。外界的异物如线绳等，可能会导致犬消化道阻塞。巧克力、洋葱、有机磷杀虫剂、食盐、酒精、阿司匹林以及除虫菊酯等物都会导致犬误食中毒。

处理方法

对于犬误食造成消化道阻塞的病犬，应及时到宠物医院进行就诊。对于犬误食造成的中毒病犬，可先通过大量饮水进行催吐，之后到宠物医院进行就诊。

治疗

对于误食导致消化道阻塞的病犬，应进行手术治疗。对于误食导致中毒的病犬，应进行对症治疗以及及时使用解毒剂。

专家指导

对于巧克力、洋葱等造成犬中毒的食品，应放置在犬够不到的位置。外出要携带牵引绳，避免犬误食。

费用

误食的物品不同，治疗价格不同。具体治疗价格视具体情况而定。

中 暑 ✤

中暑是一种由严重高体温所引发的严重疾病，又称热衰竭，包括日射病和热射病。该疾病所产生的热伤害会遍及所有组织，进而引发一系列的严重后果，严重时可危及生命。

症状

突然发病，体温急剧升高，黏膜潮红，呼吸急促，心跳加快，精神沉郁，站立不稳，卧地不起，严重者可陷入昏迷。部分患犬还伴有神志紊乱，兴奋不安，癫痫痉挛的症状。

病因

中暑大多是由于环境高温、运动过度所引发的。

该疾病多发生于狗狗被关在通风不良的高温环境，密闭的汽车，水泥地面上的铁皮小屋等，另外该疾病与热性疾病、过度肥胖、心血管系统和泌尿系统疾病有关，具有此类疾病的犬主人应格外注意。

治疗

当本病发生时，必须立刻就诊，但在送医之前可先自行降温，可以在送往医院过程中向犬身上泼洒冷水，并且可对其进行吹风散热，但应注意，不可泼洒冰水。

专家指导

犬主人应避免在温度过高时带患犬外出，外出时应随身携带饮用水，随时补充水分，避免狗狗体温过高，在发现狗狗出现类似上述异常症状时，应尽快就诊。避免狗狗过度肥胖，在狗狗患有发热性疾病时，应及时就医，避免在家自行治疗。

费用

送诊时狗狗状态不同，治疗方式不同，价格也不同。具体价格以主治医生处方为准。

损伤指的是由各种不同的外界因素作用于机体，引起机体组织器官产生解剖结构上的破坏或生理功能上的紊乱，并且伴有不同程度的局部或全身反应的病理现象。

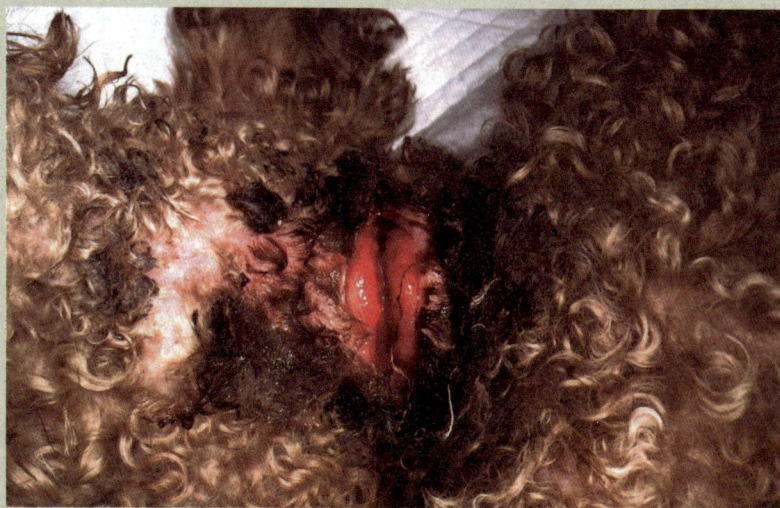

● 图中为狗狗受伤伤口

症状

引起宠物损伤的原因很多，主要包括机械性（如车祸、坠落或殴斗等）、物理性（如高温、低温或电击等）、化学性（强酸、强碱等）以及生物性（如蛇、蚊虫叮咬等）。

治疗方法

轻微皮肤擦伤可以将伤口周围的毛发清除干净，之后用清水反复冲洗，清洗干净后，涂擦碘附（注意是碘附而非酒精）。

如狗狗损伤为严重情况时，例如车祸、坠落、殴斗、电击等，需及时就医，进行全面清理，否则会大大增加患处感染的可能性。

专家指导

在家中时，需将具有高温属性的物品置于狗狗无法触及的地方，将家中插座等带电物品进行特殊处置，减少狗狗触电风险。狗狗独自在家时，应关好门窗，防止狗狗从家中坠落。外出时，无论去何处和时间长短，都应佩戴牵引带，可减少车祸、殴斗等情况发生，减少受伤的风险。

费用

费用视狗狗患病严重程度而定。

轻微外伤价格较低，贯穿伤、坠楼、车祸等如有严重并发症的情况，价格较高。

具体价格以当地宠物医院及主治医生处方为准。

中毒

在一定条件下，一定数量的某种物质进入动物机体后，在组织或气管内发生的引起机体功能或结构损害，这种物质被称为毒物，由于狗狗摄入毒物而引发的中毒称之为中毒病。

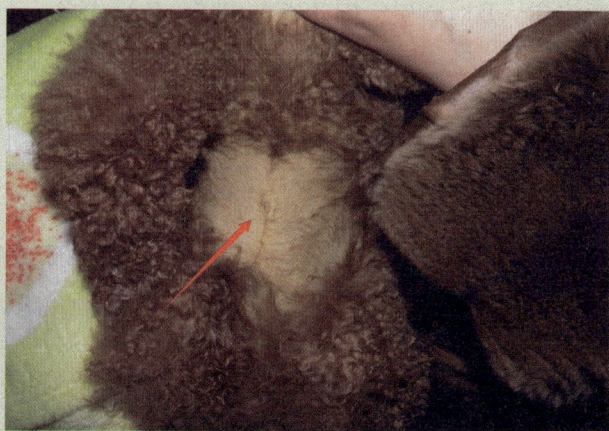

●箭头所指之处为中毒引起的皮肤黄疸

症状

通常由于误食有毒物质所引起，如灭鼠药中毒、杀虫剂中毒、除草剂中毒、食物中毒、居家用品及重金属中毒、临床常用药物中毒、有毒植物和动物毒素中毒、其他中毒。

症状

不同物质中毒有不同表现，此病对狗狗主人来说重在预防，当出现精神萎靡，癫痫，痉挛，皮肤或眼结膜，口腔黏膜颜色不正常等一系列异常现象时，主人应及时就医。

治疗

中毒病通常病程短，治疗烦琐，需针对性治疗，避免在家自行治疗，一旦出现此类疾病，及时就医，因此类疾病死亡危险性高，故主人应提高警惕。

专家指导

狗狗主人在饲养时尽可能以狗粮为主，不要喂食对犬有毒性的食物，如葱，葡萄等食物。外出时应佩戴牵引带，减少狗狗外出误食的可能。训练犬不随意捡食的习惯，喂养犬时饲喂量应参考犬粮附带的喂养标准，不可自行定量。

费用

不同种类的中毒治疗方式不同，使用药物也不同，具体以主治医生处方为准。

胃扭转
扩张

胃扭转扩张是指胃伴有以肠系膜为轴的旋转并发生扩张。

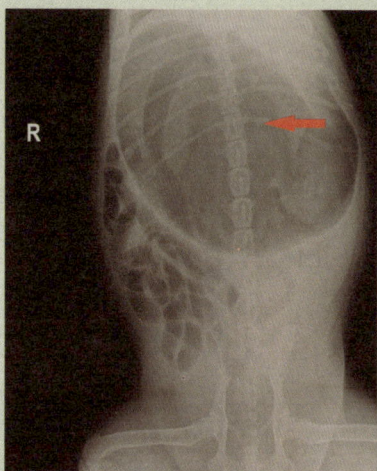

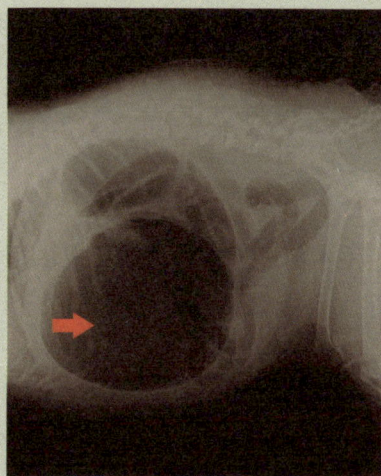

●箭头所指为胃扭转引起的胃部积气

症状

胃扭转扩张是一种急性症状,患病犬多突然发病,主要表现精神沉郁,腹部膨大,腹痛,并伴有呻吟、口吐白沫,躺卧地上,呼吸困难,病情发展迅速，如不及时治疗，可能在数小时内死亡。

病因

饲养管理不当是此病发生的主要原因，过度饮水、饮食后剧烈运动，吃东西过快或忽冷忽热可能会引起胃扭转扩张发生，一些继发性因素也可能会引起胃扭转扩张，例如解剖结构的改变、肠梗阻、损伤、呕吐、应激等。

处理方法

如果发现胃扭转扩张，及时就医。

治疗

手术前进行输液，保证血压正常，防止休克，严重者及时进行手术治疗，术后输液疗法，抗菌消炎。

专家指导

发病率高的犬可以预防性做胃固定手术，不要让狗狗犬在过度饮水、饮食后剧烈运动，食盆不要放置过高，饲喂时避免发生应激。

费用

视疾病的严重程度而定，一般花费较高。

蜱虫叮咬

犬被蜱虫叮咬，引起皮肤损伤或死亡。

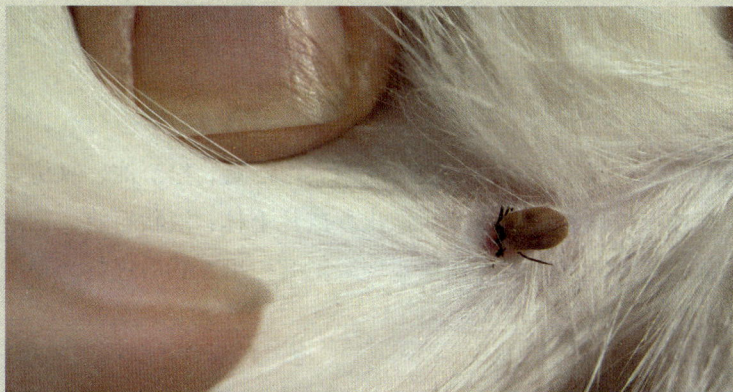

●图中所示为叮咬在犬体的蜱虫

症状

被蜱虫叮咬的部位发炎、过敏、破溃、发痒，抓挠时容易造成感染，某些蜱能够在叮咬时将毒素留在狗狗体内，引起中毒，表现为食欲不振，行走困难，麻痹瘫痪，甚至死亡。

病因

常在草地上玩耍，在不卫生的环境下生活。

处理方法

一旦发现，及时去宠物医院治疗。

治疗

不可以强行拔出，容易断在皮肤内。用乙醚、松节油、氯仿等涂在蜱的头部或点蚊熏香等其松口后取出，或凡士林、液状石蜡、甘油厚涂蜱的头部，使其窒息，然后用镊子轻轻把蜱拉出。然后进行消毒。严重的要及时进行抢救。

专家指导

尽量避开阴暗潮湿不卫生的环境，远离沟渠、杂草茂密的地方。定期给狗狗进行体内外驱虫预防，发现寄生虫感染要及时治疗。

费用

看蜱虫对机体的影响，严重者花费高一些。

呼吸困难

呼吸异常、费力。

意外和急救

症状

表现为端坐呼吸或蹲坐站立呼吸，呼吸时胸壁起伏明显，张口呼吸。由于呼吸困难缺氧会发现口腔黏膜变白或发紫。

病因

原因很多，如气道阻塞（异物、严重的肺实质疾病、短头犬气道综合征）、胸腔积液、心脏衰竭、严重的贫血、失血过多、中毒、中暑等。

治疗

呼吸困难危及生命，若发现爱犬有呼吸困难的表现需要及时去医院进行抢救，在等待和运输动物时需要保持犬周围空气流通、保持头颈正常伸直，不要压迫气道。待狗狗情况稳定再进行详细的诊断。急救包括供氧、给予镇定药，但只有明确病原才能从根本上解决呼吸困难。

专家指导

短头犬、易患心脏疾病的犬种的犬主人需要额外注意爱犬，一旦发现有呼吸困难的征兆及时就医检查。

费用

急救费用适中，但根据急救程度的不同和不同疾病的诊断及治疗，费用差异很大。

休 克 ✤

循环血量减少导致的一种危及生命的情况。狗狗表现为意识丧失。

症状

意识丧失、口腔黏膜苍白或发紫、四肢末端发冷。

病因

原因很多，如大失血、严重的腹泻呕吐、心脏疾病、严重的败血症、严重的过敏反应、中毒等。主要因为体内血液减少，组织器官供氧不足造成的多器官衰竭危及生命的情况。

治疗

狗狗丧失对外界的反应，应马上送往医院抢救，越快越好，在等待过程中保持犬周围空气流通，颈部正常伸直。

(◦ 费用 ◦)

依据严重程度急救涉及吸氧、气管插管、心脏复苏、输液、输血等不同措施。费用不等，但一般较高。

意外和急救

看到这一章标题的时候，你是否会纳闷：

狗狗也会有心理疾病？

答案是肯定的！狗狗和我们人类一样，它们也会产生心理问题，如果心理疾病没有及早发现并解决的话，会对狗狗产生很大的影响，那么狗狗常见的心理疾病都有哪些呢？

心理疾病

占有性攻击行为

当狗狗所占有或者控制活动的非食物性质的玩具或者物体受到该狗狗之外的其他个体接近时，狗狗直接对该个体产生的攻击或者威胁的行为。

心理疾病

症状

1.狗狗保护在主人看来不合理的物品。
2.被占有物品判定范畴不包括食物性和味觉性物品。

治疗

1.首先应避免狗狗与某种引起占有行为的物品接触。
2.若无法避免，可采取降低敏感性和逆条件性反射作用的措施。

专家指导

　　该类疾病属于狗狗心理疾病问题，主人应在幼犬时就进行教育训练，使狗狗在成长过程中养成良好的行为习惯，保持心理健康，单纯的击打并不能有效地杜绝此类行为。

费用

　　该类问题主要应以训练为主，治疗为辅，价格以当地专业犬训练学校价格为准。

嫉妒性
攻击行为

狗狗之间的攻击行为是凭主观意志的，它与外界信号、环境或接收到的反应没有太大的关系，一般来说，并非来自被攻击目标的威胁信号，而是等级意识及嫉妒心理综合反应。

症状

犬间攻击行为实际上是犬占有心理、等级意识以及嫉妒心理的综合反应，存在这种行为的包括家养犬、社会组织内的收养犬以及流浪犬，对于家养犬来说，可能是由于其他犬存在被动或主动的挑衅行为。

治疗

1. 制止该类行为，并且隔离该犬。
2. 避免恐吓。
3. 不可袒护攻击者，保护被攻击者，提高受害者的家庭地位。

专家指导

狗狗也存在有嫉妒心理，并且狗狗的等级意识极强，在非正常情况下，几种因素的影响会产生这种犬间攻击行为的综合反应，主人应从小对狗狗进行科学合理的训练，避免出现该类心理疾病。

费用

该类问题主要应以训练为主，治疗为辅，价格以当地专业犬训练学校价格为准。

恐惧性攻击行为

伴随有恐惧行为或者恐惧心理表现而产生的攻击行为。

症状

犬在恐惧时经常有缩头，背耳，将尾巴夹至两腿之间，也可能出现龇牙、躲避等情况。此时可能会出现被动攻击的行为。

治疗

1. 寻找其恐惧的目标，这是治疗的关键。
2. 教育犬在有刺激存在时要学会放松。
3. 头部项圈有助于改善此类行为。

专家指导

此类行为是由于恐惧情绪所引发的，消除其恐惧源是治疗此心理问题的最关键因素。

费用

该类问题主要应以消除恐惧源和训练为主，治疗为辅，价格以当地专业犬训练学校价格为准。

分离焦虑

在主人离开或者主人远离的情况下，狗狗出现的痛苦表现，典型的表现是无论在何时总是陪伴着主人或者某个家庭成员，独处时会有强烈的破坏、吠叫或排泄等行为。

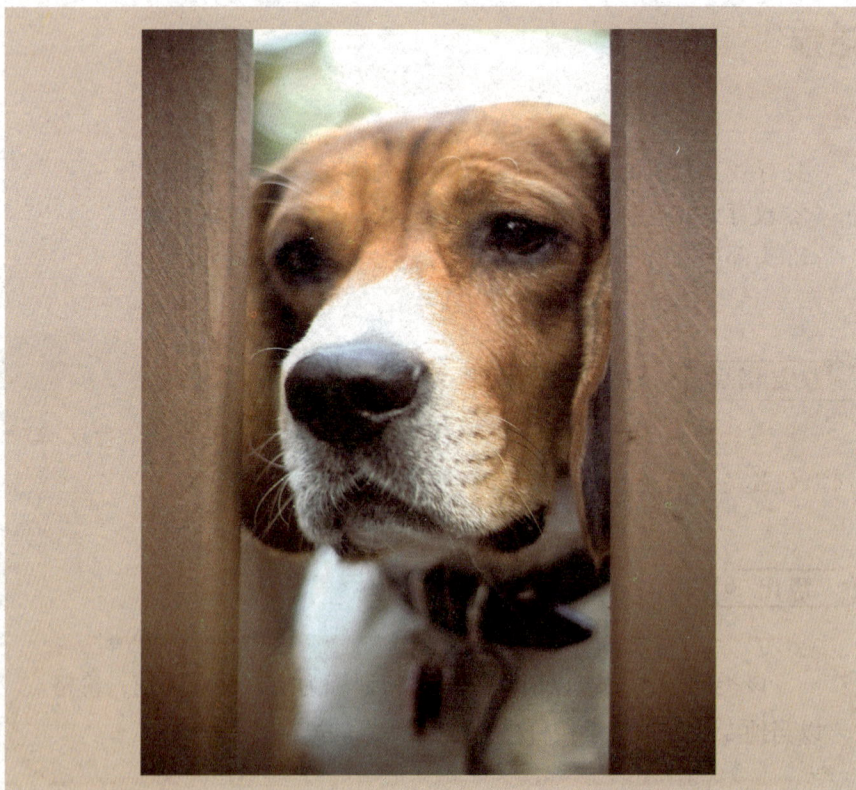

症状

分离焦虑通常发生在狗狗与主人有几个月甚至数年的伴侣关系后，突然长时间孤独，在刚分开的最初15~20分钟表现最为严重。情况严重时，当主人表现出要离开时，狗狗自发出现焦虑行为，如运动增加、强烈的破坏或吠叫、排泄等行为。

治疗

1. 保护狗狗不受伤害。
2. 在治疗时尽可能让家庭更多成员陪伴狗狗。
3. 降低狗狗对该类刺激的敏感性。

专家指导

该类疾病主要是由于狗狗安全感不足，主人应给予狗狗更多陪伴，此类问题并不是多养一个宠物可以改善的，但是如若失去另外的狗狗伙伴，很有可能会导致此情况加重。

费用

该类问题主要应以训练为主，治疗为辅，价格以当地专业犬训练学校价格为准。

心理疾病

忧虑性
排泄异常

引起此类问题的原因主要为分离焦虑，当主人与狗狗缺少接触时，狗狗所表现出来的行为异常。

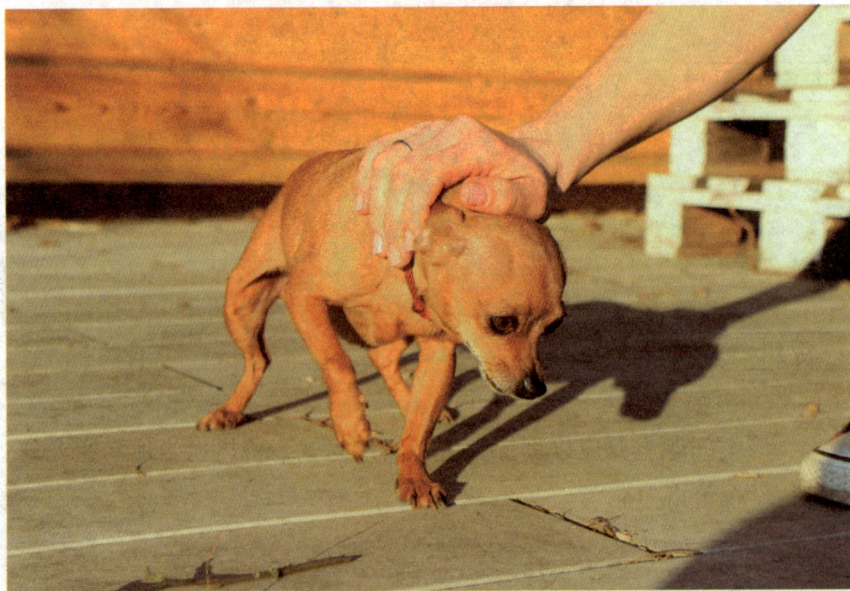

症状

1. 仅发生在主人不在时才排便。
2. 在刚开始的时间里最为严重。
3. 任何引起焦虑的刺激都可能导致此问题。

治疗

1. 找出并清除狗狗的焦虑原因。
2. 通过训练，降低其对分离刺激的敏感程度。

专家指导

此类问题由焦虑引起，主要是分离焦虑，此类狗狗安全感较差，主人应给予狗狗充分的安全感，并且消除狗狗的焦虑原因，进行针对性的训练。

费用

该类问题主要应以训练为主，治疗为辅，价格以当地专业犬训练学校价格为准。

心理疾病

怀旧依恋心理

当犬远离其熟悉的环境或者原主人而来到一个陌生的环境时，会有怀念以前的环境或主人的情绪，这种情况就是怀旧依恋心理。

症状

远离原本熟悉的人、物或环境，接触的是一个全然陌生的新环境。

部分狗狗会心情低落，活动力差，不喜互动，甚至有的狗狗可以忍受各种困难，返回故土，寻找旧主。

治疗

此种情况无特效治疗方法，新主人切莫灰心放弃，坚持互动和陪伴，让狗狗感受你的真心是最好的治疗方法。

专家指导

狗狗不是纯粹的无思想生物，它也是有其内心活动的，如果有怀旧依恋心理，则证明该狗狗重情重义，更值得新主人珍惜。

复仇心理 ✚

狗狗有极其敏锐的嗅觉和听觉，会将曾经对其有恶意攻击或伤害的对象牢牢记住，伺机报复，这种情况即复仇心理。

病因

受到过来自被复仇对象的恶意攻击或伤害。

症状

利用被攻击对象处于弱势的时机，对其进行进攻，也有狗狗趁人不备，突然攻击曾经给其打过针的兽医的情况。

治疗

此种情况无特效治疗方法，主人需多与狗狗互动，减少打骂行为，增加彼此信任。

专家指导

在同狗狗在一起的日常生活中，主人要注意对待狗狗的态度以及方法，并不是说所有问题都可以依靠打骂解决的，主人们要对狗狗进行行为学训练，让其拥有良好的心理。

邀功心理

有时狗狗为了获得某种奖赏而去完成某项工作，甚至发生"争功"的行为，这种心理活动和行为即为狗狗的邀功心理。

病因

狗狗想要通过这种行为来获得某种奖赏，比如食物，玩具或者主人的爱抚等。

症状

当家中仅一只狗狗时，狗狗会帮助主人去做一些事情，比如衔来主人所需的物品，或者完成主人的指令时会抬头注视主人，等待主人的奖励；如若家中存在除了该狗狗外的其他宠物，可能会表现出互相争夺，互不相让甚至进行争斗等情况。

专家指导

此种表现在家中仅一只狗狗时危害较小，可利用此种心理对其进行训练，并且规范其行为；若家中存在多只狗狗时，应当公平对待每只狗狗，减少争斗现象的发生。

不容
忽视的
小问题

　　狗狗除了会患一些症状比较明显的疾病外，在日常生活中还会出现各种令人尴尬的小问题和一些作为主人必须注意的事项。

臭狗狗

狗狗的一些口腔疾病、眼部疾病、耳部疾病、肛周疾病和皮肤疾病都会导致狗狗的体味增大，使狗狗闻起来臭臭的，给主人带来很大的困扰，也给狗狗的健康带来很大的隐患。

口腔问题

狗狗不会自主刷牙，食物残渣残留在牙齿之间，细菌大量滋生导致狗狗发生牙结石，严重会引起牙周疾病，甚至口鼻瘘，给狗狗进食带来很大的不便。因此主人应定期给狗狗刷牙，尽量避免牙结石的发生。

现在有大量的商品化牙齿清洁用品也可用于牙结石的治疗，如宠物专用漱口水、博乐丹等酶制剂用品也可用于牙结石的预防或减少，同时也减少了给狗狗刷牙可能给主人造成的咬伤隐患。狗狗一旦有了牙结石，应尽早洗牙去除，避免更严重的牙齿疾病发生带来更严重的后果。

眼周问题

狗狗的某些眼部疾病尤其是泪溢症的发生会导致眼周毛发长期潮湿引起细菌大量滋生，导致很严重的气味和外观缺陷。当犬的眼周有大量分泌物流出时应及早就医，找出引起泪溢症的原因，及早治疗。并且在护理时应尽可能使眼周保持干燥，防止引起更严重的皮肤疾病。

耳部问题

狗狗的耳部极容易发生感染，尤其是垂耳的狗狗，导致耳部有很难闻的气味，也使狗狗非常痛苦，经常抓挠，甩头，严重时会引起耳血肿、增生，甚至上行感染影响到前庭系统，使狗狗出现歪头等神经症状。

引起狗狗耳部感染的病原主要有耳螨、细菌和真菌，因此应对狗狗进行定期的体外驱虫。洗澡时避免水灌入耳道，保持耳道的清洁和干燥。狗狗一旦发生有痒感、抓挠、甩头或耳内分泌物增多时应及早就医，确定病原的种类，对因对症治疗，防止造成更严重的后果。

肛周问题

在狗狗肛周附近四点钟和八点钟方向有一对腺体，为肛门腺，开口于肛门。肛门腺内可以分泌肛门腺液，肛门腺液有很重的气味。肛门腺液主要有两个作用，一方面可以润滑粪便，使粪便顺利排出，另一方面有助于狗狗之间的识别。

一些狗狗由于不健康的饮食习惯或者感染导致肛门腺管堵塞或发炎，肛门腺液不能正常排出体外引起肛门腺肿胀或破溃，因此，应养成良好的饮食习惯，定期清理肛门腺，防止这种现象的发生。一旦发生肛门腺的肿胀和破溃，应尽早就医。

皮肤问题

狗狗的皮肤有一层天然的屏障用于保护皮肤的健康，过度频繁的洗澡、不适当的洗浴用品或者不洁净的环境会导致皮肤黏膜屏障的破坏，病原菌的大量感染会导致皮肤发生疾病，产生大量的气味。因此，给狗狗洗澡不要过于频繁，使用狗狗专用的洗护用品，洗澡后吹干，干燥的生活环境，定期的体外驱虫对狗狗的皮肤是非常重要的。狗狗一旦发生抓痒、有大量皮屑、丘疹、结痂、脱毛的现象发生，应及早就医，确定病原菌，并对其进行治疗。

大量脱毛 ✤

内分泌性脱毛是狗狗常见的临床疾病，其典型表现是双侧对称性脱毛，被毛易拔除，皮肤通常很薄且弹性下降，色素沉着。其他皮肤性损伤包括鳞屑、结痂和丘疹。有时还可引发皮脂溢和脓皮症。

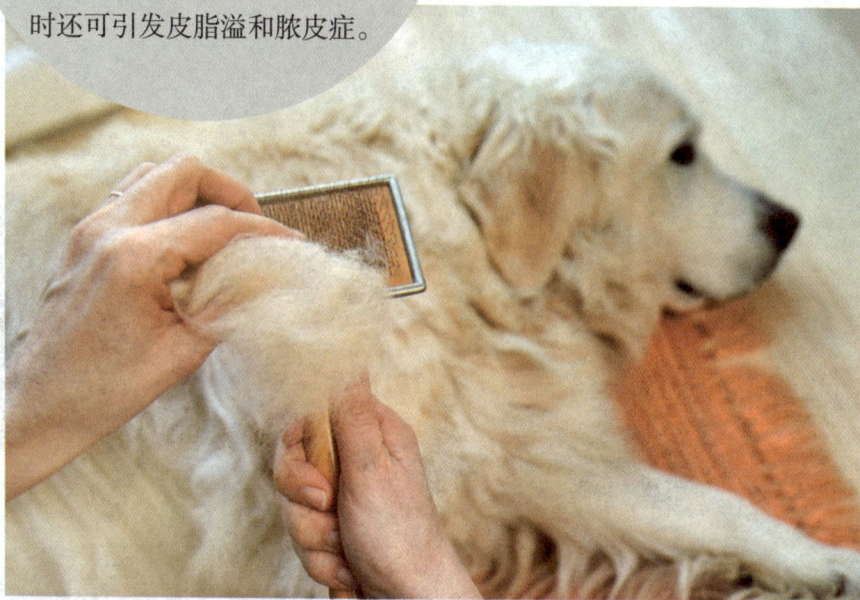

犬内分泌性脱毛最常见的病因是甲状腺功能减退和糖皮质激素过多（医源性或自发性）。接下来所要考虑的是生长激素反应性皮肤病、性腺依赖性性激素失调和肾上腺依赖性性激素失调。

内分泌性脱毛诊断比较困难，需大量的鉴别诊断来区分出病因。

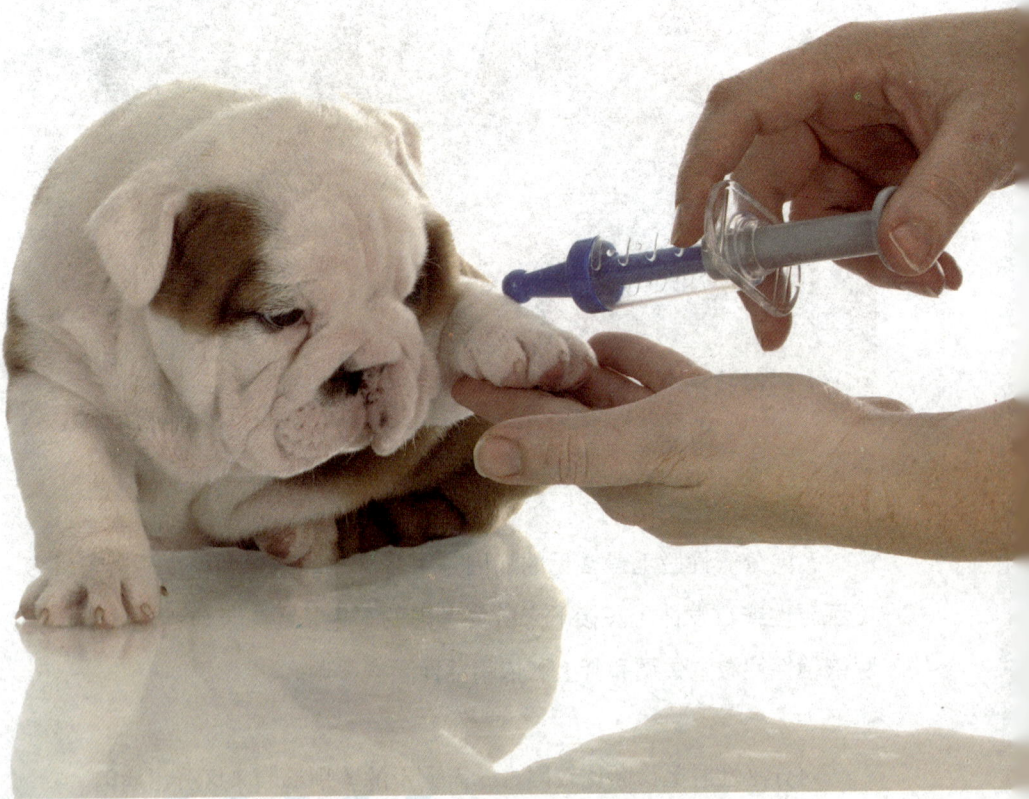

疫　苗

疫苗能刺激机体产生体液、黏膜、细胞介导的免疫应答，有效地预防或控制犬的一些传染病。目前，商业性的犬猫疫苗有弱毒（减毒活）疫苗、灭活疫苗和载体疫苗。并非所有的犬需要接种全部的疫苗。疫苗并非无害，只有在需要时才能接种。此外，还应考虑接种疫苗的类型和接种途径。

常规疫苗包括：犬瘟热疫苗、副流感疫苗、腺病毒疫苗和细小病毒疫苗DA2PP。接种过疫苗的母犬产下的幼犬，从6～12周龄开始，每隔3～4周接种一次疫苗，直到14～16周龄。狂犬病疫苗应在动物12周龄或16周龄时接种。1岁或1岁以上的犬，应加强免疫DA2PP和狂犬病疫苗。在南方蚊虫比较多的地区可接受钩端螺旋体疫苗的注射。其他传染病的疫苗也可自主选择。

接种疫苗时动物机体需完全健康，体温38～39℃，精神状态良好，无呕吐腹泻，鼻涕喷嚏等症状存在。疫苗注射期间建议不要洗澡，不要有环境、饮食等改变。疫苗接种与体内驱虫间隔7天。

犬至少每年接受1次感染犬瘟热病毒、副流感病毒、腺病毒和细小病毒的危险性评估。

驱　虫

体内外寄生虫是人畜共患病，如果狗狗感染上了寄生虫不但会对自身的健康造成损伤，也可能给主人带来危害，因此定期驱虫对狗狗是非常重要的。

狗狗驱虫主要分体内外两种，常规的体内驱虫（拜宠清）一般可以驱肠道中的线虫和绦虫类，幼犬2周龄即可使用，间隔2周重复给药一次，6月龄内每月用药一次，后每3~6个月用药一次。在南方蚊虫密集的地区可使用犬心保用于心丝虫的预防。体外驱虫（大宠爱、爱沃克、福来恩等）建议每月用药一次，用于预防虱、蚤、蜱虫的叮咬和血液寄生虫的传播。

图书在版编目（CIP）数据

萌犬家庭医生：狗狗常见疾病速查手册/刘云编著
. —— 哈尔滨：黑龙江科学技术出版社，2020.3（2024.6重印）
ISBN 978-7-5719-0312-1

Ⅰ.①萌… Ⅱ.①刘… Ⅲ.①犬病－诊疗 Ⅳ.
① S858.292

中国版本图书馆 CIP 数据核字 (2019) 第 256004 号

萌犬家庭医生：狗狗常见疾病速查手册
MENG QUAN JIATING YISHENG:
GOUGOU CHANGJIAN JIBING SU CHA SHOUCE

作　者　刘　云
责任编辑　马远洋　张云艳
封面设计　佟　玉
出　版　黑龙江科学技术出版社
出　版　哈尔滨市南岗区公安街70-2号
邮　编　150007
电　话　（0451）53642106
传　真　（0451）53642143
网　址　www.lkcbs.cn
发　行　全国新华书店
印　刷　小森印刷霸州有限公司
开　本　710mm×1000mm　1/16
印　张　18.25
字　数　280 千字
版　次　2020 年 3 月第 1 版
印　次　2024 年 6 月第 2 次印刷
书　号　ISBN 978-7-5719-0312-1
定　价　68.00 元

U品生活